美味又营养的辅食让宝宝爱上吃饭

这样吃

宝宝聪明又健康

滕 越 主编

中国妇女出版社

图书在版编目（CIP）数据

这样吃，宝宝聪明又健康 / 滕越主编. -- 北京：
中国妇女出版社, 2015.11
 ISBN 978-7-5127-1164-8

 Ⅰ.①这…　Ⅱ.①滕…　Ⅲ.①婴幼儿—食谱　Ⅳ.
①TS972.162

中国版本图书馆CIP数据核字（2015）第208563号

这样吃，宝宝聪明又健康

作　　者：滕　越　主编
责任编辑：陈经慧
封面设计：尚世视觉
责任印制：王卫东
出版发行：中国妇女出版社
地　　址：北京东城区史家胡同甲24号　　邮政编码：100010
电　　话：（010）65133160（发行部）　　65133161（邮购）
网　　址：www.womenbooks.com.cn
经　　销：各地新华书店
印　　刷：北京楠萍印刷有限公司
开　　本：170×230　1/16
印　　张：11.5
字　　数：200千字
版　　次：2015年11月第1版
印　　次：2015年11月第1次
书　　号：ISBN 978-7-5127-1164-8
定　　价：36.00元

目 录 Contents

 第一章 新生宝宝怎么喂 / 001

第二章 2~3个月，宝宝怎么喂 / 023

第三章 4~6个月，宝宝吃什么 / 029

第四章 7~9个月，宝宝吃什么 / 059

第七章 2~3岁，像大人一样吃饭 / 139

第八章 让宝宝更健康的营养素 / 157

第九章 轻松提高宝宝日常饮食品质 / 167

第一章

新生宝宝
怎么喂

母乳喂养有哪些好处

母乳喂养是人类最原始的喂养方法，也是最科学、最有效的喂养方法。

★母乳随着宝宝的成长而改变营养成分和分泌量

母乳的营养能够随着宝宝的生长发育而改变其成分和分泌量，这是其他任何乳类制品所无法比拟的。吸吮肌肉的运动有助于宝宝面部正常发育，并且可以预防由奶瓶喂养引起的龋齿。

★母乳是宝宝的天然食物和饮料

母乳含有4～6个月宝宝所需的全部营养，是宝宝最佳的天然食物和饮料。母乳易消化，蛋白质、脂肪和碳水化合物的比例适合，牛磺酸的含量较多，可满足新生儿在这

方面的营养需求。母乳所含的各种营养物质最适合宝宝消化吸收，且具有最高的生物利用率。由于人乳蛋白质凝块小，含有不饱和脂肪酸较多，故脂肪颗粒也较小，且含有多种消化酶，有助于脂肪的消化及营养物质的吸收。母乳中的乳糖能够促进肠道生成乳酸，从而抑制大肠杆菌的繁殖，减少宝宝腹泻的机会。同时母乳中的钙、磷比例适宜（2：1），使钙比较容易吸收，所以母乳喂养的宝宝很少发生低钙抽搐和佝偻病。

★母乳有利于宝宝脑细胞的发育和智能发育

母乳所含营养成分如优质蛋白质、必需脂肪酸及乳糖较丰富，有利于宝宝大脑的迅速发育。在哺乳过程中，妈妈声音、气味和肌肤的接触能刺激宝宝的大脑，促进宝宝

各种感觉器官的发育。除此之外，母乳喂养还能够促进宝宝触觉、听觉、视觉的发展，促进宝宝早期智力的开发。人乳中的磷脂含有卵磷脂及鞘磷脂，它们对宝宝中枢神经系统发育极为重要；人乳中的牛磺酸能使人脑神经细胞总数增加，促进神经细胞核酸的合成，并能够加速神经细胞间网络的形成，延长神经细胞存活的时间。

★母乳含有多种免疫抗体

母乳含有人乳特有的乳铁蛋白、各种免疫球蛋白如IgA、IgG、IgM、IgE等，尤以分泌性免疫球蛋白IgA含量最多，也最为重要。分泌性免疫球蛋白IgA、溶菌酶等抗感染蛋白质可保护宝宝免于患腹泻、呼吸道感染等疾病，增强新生儿的抗病能力。所以母乳喂养的宝宝发生腹泻、呼吸道及皮肤感染的概率要小很多。同时母乳中还含有免疫细胞如中性粒细胞、T和B淋巴细胞、浆细胞及巨噬细胞，尤以巨噬细胞为多。

★母乳为宝宝的生理食品，经济方便，不易引起宝宝过敏

任何时间妈妈都能提供温度适宜的乳汁给宝宝。从远期看，母乳喂养的儿童很少发生肥胖症，糖尿病的发生率也比较低。

★母乳喂养有利于宝宝的心理健康

宝宝频繁地与妈妈的皮肤接触，受照料，有利于促进心理与社会适应性的发育。母乳喂养最大的优点是增加了母子间的感情，通过抚摸、拥抱、对视等使宝宝获得满足感和安全感。

母乳的珍贵营养成分

★初乳

分娩后头5天的乳汁称为"初乳"，它比后来的乳汁稠并且颜色发黄，含有更多的抗体和白细胞。初乳中含有生长因子，可刺激宝宝未成熟肠道的发育，也为肠道消化吸收成熟乳做了准备，并能防止过敏性物质的吸收。初乳量虽然少，但对正常宝宝来说已经足够了。

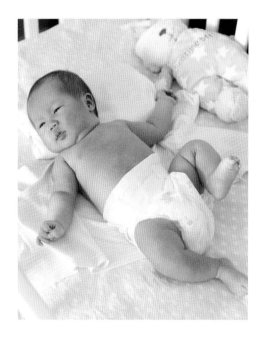

前奶是每次哺乳开始时的奶，呈淡绿色，内含丰富的蛋白质、乳糖、维生素、矿物质和水分；后奶是每次哺乳结束时的奶，因含较多的脂肪，所以颜色比前奶白。富含脂肪使后奶能量充足，它提供的能量占乳汁总能量的50%以上。

★过渡乳

产后6～10天的乳汁是初乳向成熟乳的过渡。乳汁中蛋白质的含量逐渐减少，脂肪、乳糖含量逐渐增加。

★成熟乳

分娩大约2周后乳汁分泌量会增加，并且其外观与成分都有所变化。乳汁呈白色，这就是含有丰富营养成分、宝宝生长发育所需要的成熟乳。成熟乳看上去比牛奶稀，有的新妈妈会错认为自己的奶太稀，担心孩子吃不饱。其实，这样的奶是正常的，富含蛋白质及氨基酸、脂肪、糖类、矿物质和维生素。

★前奶与后奶

乳汁的成分在每次喂哺时也会有变化。

为什么要让新生儿吃初乳

初乳是指产后5日以内母体所分泌的乳汁，呈淡黄色，质地黏稠。产后3日内，乳汁尚未充盈之前，每次哺乳可吸出初乳2毫升～20毫升。初乳含蛋白质较成熟乳多，尤其是分泌性免疫球蛋白IgA含量较多。免疫球蛋白对多种细菌、病毒具有防御作用，因而虽然初乳的量不多，但却可使新生儿获得大量免疫球蛋白，增强了新生儿的抗病能力，大大减少了宝宝肺炎、肠炎、腹泻的发生率。初乳脂肪和乳糖含量较成熟乳少，极易消化，是新生儿理想的天然食物。初乳的量很少，但营养价值很高，是大自然妈妈专为新生宝宝准备的第一道营养大餐和防病屏障，所以不应浪费，一定要让宝宝吃到初乳。有些新妈妈不了解初乳的好处，把为数不多的初乳当作不好的乳汁白白挤掉，不让宝宝吃，这种做法是错误的。

有的妈妈担心喂奶后身体变形，如乳房下垂、身体发胖等，其实，这些担心是多余的。乳房下垂与乳房本身的形态及遗传有关，哺乳时也应采取一些预防措施，可穿戴大小合适的乳罩，将乳房托起，以免韧带松弛导致下垂。身体发胖与营养过度、缺乏锻炼有关。经常哺喂宝宝，可以帮助妈妈消耗一部分脂肪。新妈妈还可以在产后6周开始做产后恢复操，对体形的恢复有很大的帮助。

母乳喂养成功的关键

首先，妈妈要树立信心，相信自己能够分泌足够的乳汁哺育宝宝，这是生物繁衍的特点所决定的。多了解母乳喂养的知识和好处，认识到只有母乳才是宝宝最理想的天然食品，母乳喂养是宝宝健康成长的重要保证，它不仅使宝宝体格健壮，而且可促进宝宝的心理行为健康发展。要想母乳充足，早吸吮、早接触、早开奶是必不可少的。母乳喂养的4个月内的宝宝是不需要额外加水的，更不要喂宝宝糖水。橡皮奶嘴对母乳喂养的宝宝来说也不需要，因为橡皮奶嘴易使宝宝产生奶头错觉，习惯于人工奶嘴而拒绝吸吮妈妈的乳头。哺乳妈妈的膳食营养也很重要，可多喝些鱼汤、猪蹄汤等，多食营养

丰富、易消化吸收的食品促进乳汁分泌。另外，保持心情愉快，保证充足的睡眠，都会使你的宝宝获得足够的奶水。

坚持母乳喂养还与家庭的支持与帮助分不开。作为丈夫应多分担家务，帮助照料宝宝，并且要体贴理解妻子，鼓励妻子坚持母乳喂养。有一些初为父母者和家里的长辈，总是担心母乳不够宝宝吃。光看见宝宝吸吮，没看见一瓶奶下肚，所以宝宝一哭便立刻说："奶不够吃，赶紧加奶粉吧！"家人的你一言我一语，最终导致母乳喂养失败。

★哺乳前的准备

妈妈哺乳前要洗净双手，用毛巾蘸清水擦净乳头及乳晕，然后开始哺乳。擦洗乳房的毛巾、水盆要专用。选择吸汗、宽松的衣服，这样才方便哺乳。母婴用品要绝对分开使用，以免交叉感染。

另外，要准备吸奶器，当母乳过多时，在宝宝吃饱后可以吸出剩余乳汁，这更有利于乳汁分泌，并且不易患乳腺炎。

完全吃母乳的宝宝，如果体重增长良好、情绪饱满不用喂水，因为母乳中含有70%~80%的水分，已足够宝宝一般情况下的需求。如果天气热、室温过高，宝宝出汗多并伴有烦躁不安，经常哭闹，可以适当喂一些水。

★第一次哺乳宜采用侧卧位

第一次哺乳时医生会把新生儿包好，抱到妈妈身边，让新生儿的身体和脸正对着妈妈的乳房，下巴要触及妈妈的乳房，然后用手触碰新生儿的口周，新生儿会反射性地张大嘴。这时，医生会帮助妈妈把乳头及乳晕部分送入新生儿口中，新生儿就会努力地开始吸吮。第一次哺乳，妈妈一般还没有下奶，有的新生儿可能吸吮力气会很大，如果之前妈妈的乳房比较娇嫩，这时会感觉有些疼痛，这是一种正常现象，过几天随着乳汁分泌的开始和吸吮次数的增多，疼痛的感觉会很快消失，妈妈和宝宝都会有一种生理和心理上的满足感。

★让新生儿正确含接乳头

有的妈妈在宝宝吸吮时痛感特别强烈，这可能是因为宝宝只含住了妈妈的乳头，而没有把整个乳晕部分都含住，必须加以纠正。因为如果宝宝只吸吮妈妈的乳头，不仅会造成乳头疼痛、受伤，而且不利于乳汁的分泌。

乳头长时间被新生儿唾液浸泡容易皲裂，因此每次喂奶时间不宜过长，一般以15～20分钟为宜，更不要让宝宝含着乳头睡觉。宝宝吃饱了或吸吮累了会自动松开妈妈的乳头，但有时也会发生特殊情况，咬住妈妈的乳头不放，这时要注意不要硬拉，否则会拉伤乳头。正确的方法是：用手指轻轻压一下宝宝的下巴或下嘴唇，也可将食指伸进宝宝的嘴角，慢慢地让他把嘴松开，这样再抽出乳头就比较容易了。哺乳结束后滴几滴奶涂在乳头上，让其自然干燥，这样可以减少乳头皲裂发生。这里强调一下，乳头皲裂不仅喂奶时疼痛，还会诱发乳腺感染、引起炎症。因此，如果乳头发生皲裂应及时治疗，防止感染。皲裂时最好暂停哺乳，待皲裂伤口愈合后再哺乳。

★用两侧乳房哺乳

宝宝的吸吮可以有效地刺激妈妈尽快下奶。因此，从第一次给宝宝哺乳开始就要注意用两侧乳房轮流哺乳。如果只刺激一侧乳房，另一侧下奶的时间很可能会滞后，或因为未及时清空乳房而发生乳腺阻塞。

有些宝宝食量小，可能吃了一侧乳房就吃饱了。这时一定要注意把另一侧乳房的奶用吸奶器吸出，下次哺喂时让宝宝先吸上次未吃一侧的乳房。如果宝宝不习惯吸另一侧乳房，妈妈可以换一下抱的方式，使宝宝觉得还和他习惯的一样。

★缓解乳房肿胀

在产后的3~4天，妈妈会感到乳房肿胀，这是因为乳汁分泌多起来而造成的，是一种正常现象。在喂奶前稍微做一下热敷：用消过毒的热毛巾把乳房全部覆盖，使乳房发热，以促进血液循环。毛巾凉后再换热的，换2~3次。在湿热毛巾覆盖5分钟以后，沿乳头四周从内向外轻轻地按摩乳房，再由乳房四周从外向内轻轻地按摩，每侧乳房各做15分钟左右。用5个手指压住乳晕部分，像宝宝吸吮乳房那样挤压，反复几次，让乳汁排出顺畅。

怎么判断宝宝是否吃饱了

"宝宝吃饱了吗？"这是每位新手妈妈都会关心的问题。如果想知道宝宝是否吃饱了、喂养是否合理，可观察以下几个方面：

★从宝宝入睡的时间判断

每次喂奶时，宝宝吃饱后即会自动吐出奶头，并安静入睡3~4小时。若宝宝在每次喂奶后，入睡仅1小时左右即醒来哭闹，喂奶后又安静入睡，反反复复，说明宝宝没有吃饱。

★从妈妈乳房的变化判断

妈妈在喂奶前乳房丰满、充盈，皮肤表面的静脉清晰可见，喂奶后乳房缩小、变软，证明乳房已经排空。

★从宝宝的吞咽声判断

喂奶时能听到宝宝的吞咽声，妈妈有下奶的紧缩感，宝宝吸吮动作从容而有力。

★从宝宝的体重增加情况判断

宝宝体重的增加是有规律的，出生后12天内，即使吃奶正常体重也会不升反降，因为宝宝出生后要排出胎粪，全身水分也会减少，而且吃得较少、消化功能尚差。12天之后体重回升，一般满月时可增重0.6千克～1.2千克。体重增长与否是衡量喂养是否合理的标志之一。

★从宝宝的大便情况判断

吃母乳的宝宝在出生后40天内每天大便约3次，同时体重增长良好，即属正常。如果吃配方奶粉可能会有大便干燥，但只要一天一次都属正常。若是宝宝大便稀，体重不增，应检查原因。

★从宝宝的小便情况判断

在不添加水及其他食物的情况下，宝宝每天（24小时）小便6次以上。若小便次数较少，排除其他原因后，则表明可能是奶量不足。

★从宝宝的脸色和精神状态判断

如果宝宝的脸色不好，精神状态也差，爱啼哭，就要考虑是否没有吃饱。在正常情况下，宝宝吃饱后精神、情绪都会很好，很少哭闹，睡得很好，睡醒后精神很愉快，体重增长也好，这说明喂养得比较好。

母乳喂养的时间怎么安排

正常足月新生儿出生后半小时内就可让

妈妈喂奶，这样既可以防止新生儿低血糖又可以促进母乳分泌。在最初几天母乳分泌量较少时要坚持按需喂母乳，即宝宝什么时候饿了就什么时候喂奶，没有次数和时间的限制。一般情况下，出生后头几天，每天可喂奶7～10次。经常性频繁的吸吮，可刺激催乳素的分泌，使乳汁分泌得早且多，使新妈妈保持有足够的母乳。这样做也可预防妈妈乳房胀痛，增加母子感情。待乳量增多，宝宝吸乳量增加、睡眠时间延长后，每天的哺乳次数可相应减少，并可逐步培养宝宝按时吃奶的习惯。一定不要过早加喂牛奶或配方奶。第一、二个月不需要定时喂哺，可按宝宝的需要随时喂。此后根据宝宝的睡眠规律每隔2～3小时喂1次，并逐渐延长到3～4小时1次，夜间逐渐可停1次。4～5个月后哺喂可减至每天5次，每次哺乳15～20分钟，以吃饱为准。

如果休产假在家或是全职妈妈，可按早晨6点、上午10点、下午2点、下午6点及晚上10点来进行。要培养宝宝良好的定时吃奶的习惯，这样有利于宝宝健康，也有利于母子休息。

一般宝宝吃饱了睡觉就会踏实，睡的时间也会长些，所以妈妈要培养宝宝晚上睡长觉、少醒来哭闹的习惯。晚上睡前哺喂时注意给宝宝喂饱一些，夜间最好不要再额外哺乳。如果宝宝已养成晚上频繁哺乳的习惯，到时间就想吃奶，不喂他就会啼哭不休，吵得大人和宝宝都休息不好。一般5~6个月的宝宝就不会在晚上要奶吃了。

母乳不足的常见原因

影响母乳分泌的因素有以下几方面：

★饮食

如果新妈妈饮食量不足，乳汁中脂肪和蛋白质的含量都会较低。饮食中蛋白质含量太低，会使泌乳量减少。钙供给量太少时，新妈妈的骨骼有脱钙，牙齿松动甚至脱落的危害。足量B族维生素的补充有增加乳汁的作用。另外，吸烟与饮酒都应禁忌，它们也会严重影响泌乳。

★精神因素

精神方面的刺激足以影响乳汁的质和量。惊恐、忧虑、疲乏等都能使乳汁的分泌大受影响，甚至可使宝宝出现消化不良。所以新妈妈必须保持精神愉快，适当的休息，轻度运动，有节制而自然地生活，这样才能喂哺成功。

★急性疾病

新妈妈轻度患病会使乳汁减少，所以哺乳的妈妈患病时是否还可以哺乳，最好请医生指导。

★月经

月经对于乳汁的影响因人而异。一般女性往往在经期内乳汁成分会略有变化，所含脂肪会减少，而蛋白质会增多。因此，宝宝有时会发生消化不良。但经期过后，乳汁又会恢复正常。一般地说，月经恢复过早，乳汁分泌会减少。而如果宝宝吮乳频繁，则会有刺激乳汁增加分泌的作用，可预防月经过早来潮。

★其他因素

有的新妈妈害怕产后喂奶使自己体形变胖、乳房下垂，所以不愿给宝宝哺乳，这种心态会使乳汁逐渐减少。其实，哺乳能减少新妈妈体内的热能及脂肪的存积，有利于体形的恢复。

有的新妈妈认为自己的乳房小，怕奶水不够，担心宝宝挨饿，就频繁地无规律地喂奶。实际上，乳房的大小不影响哺乳及乳汁分泌的多少。现在大多数新妈妈怀的都是第一胎，由于缺乏哺乳的经验担心自己没有哺乳能力，长时间的精神压力会使神经系统和内分泌系统的调节失常，导致乳汁分泌减少。还有，现在产假只有4个月，新妈妈上班后工作很忙，喂宝宝的机会减少，喂奶的时间又有变化，在单位一天都听不到宝宝的哭声，又长时间无吸吮乳头的刺激，泌乳条件反射的机会减少，乳汁也就随之减少了。另外，环境不适宜，如噪声过大、污染过重，以及人多的地方年轻妈妈不好意思给宝宝喂奶，这些让心情不安定的因素都会影响乳汁的分泌。

新生儿不吃母乳的原因

有时新生儿会拒绝吃妈妈的奶，原因一般有以下几种：

★没有吸吮能力

出生体重低于1.8千克的新生儿可能没有吸吮母乳的能力。解决办法是帮助妈妈挤出母乳，并用杯子将挤出的乳汁喂给新生儿，直至新生儿有能力自己吸吮。

★宝宝可能生病了

如果新生儿患感冒，鼻子会堵塞，鼻子堵塞会妨碍新生儿吸吮母乳。解决办法是妈妈在每次哺乳前先用消毒棉签将新生儿鼻子里的分泌物清理干净，如果分泌物太干燥，

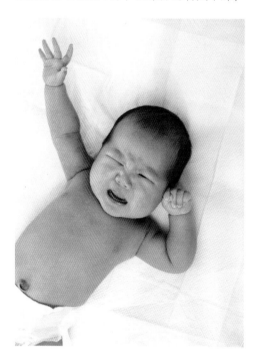

可将棉签用水浸湿。

鹅口疮等造成的口腔疼痛会使新生儿不吸母乳。解决办法是用紫药水涂抹新生儿的口腔，一日3次，直至鹅口疮消失，其间可先挤出母乳用小勺喂新生儿。

★宝宝用过奶瓶

如果新生儿已习惯了奶瓶喂养，可能会拒绝吸吮妈妈的乳头，因为吸奶嘴比吸妈妈的乳头更省力。遇到这种情况只有一点点耐心地喂，直至新生儿习惯母乳喂养。

★新生儿和妈妈分开过

如果新生儿在出生后没能及时吸吮妈妈的乳房，或妈妈因生病或其他原因离开过新生儿，新生儿可能会拒绝母乳喂养。如果新生儿是因为这种情况拒绝母乳喂养，只要妈妈改变自己，多与新生儿相处并坚持母乳喂养，新生儿会慢慢习惯吃母乳的。

★妈妈限制哺乳次数

妈妈对哺乳的限制也有可能导致喂养的失败，比如妈妈每天坚持喂固定的次数而拒绝新生儿的额外需求，每次喂了一定的时间就停止哺乳，新生儿想吃奶的时候妈妈让其等候的时间过长。解决办法是妈妈改进自己的喂养办法，让新生儿逐渐喜欢母乳喂养的方式。

★妈妈做了让宝宝不开心的事

当宝宝习惯的家庭常规被打扰，如外出访友或搬家，妈妈没有时间给新生儿哺乳；妈妈在吃了蒜或用了新型的香皂或沐浴液

后，身体有异味；在妈妈患病、月经来潮或患乳腺炎时，新生儿也可能拒绝母乳喂养。妈妈是否贴身抱宝宝，与宝宝在一起很愉快，这些也很重要。

特殊情况的母乳喂养

★乳头凹陷时的母乳喂养

孕妈妈如果发现自己乳头凹陷，在孕晚期，也就是从孕32周起应在每日清洗乳房的同时，轻轻地牵拉乳头，并且在乳头上涂抹一些润滑油，使乳头凸起以防日后哺乳时被宝宝吸吮而裂伤。只要每日坚持，乳头凹陷是可以纠正的。但一定要切记，如有阴道流血或先兆早产的孕妇则不宜进行。

如果宝宝出生后，乳头凹陷仍未得到纠正，喂奶的时候，妈妈可先用食指和拇指在乳头旁将乳头提起，尽量将乳头及乳晕一起送入宝宝的口中，直到宝宝吸住乳头后再松手。也可用吸奶器将乳汁吸出，再用奶瓶喂给宝宝。多次有效的吸吮及吸奶器负压的吸引，就会将内陷的乳头逐渐吸出，可以正常哺乳。

★乳头皲裂时的母乳喂养

乳头皲裂多半是因为喂奶过程中哺喂姿势不正确引起的。哺喂时一定要将乳头和乳晕一起送入宝宝的口中，特别是乳头凹陷刚刚纠正的妈妈，娇嫩的乳头表面被宝宝频繁的吸吮和湿润的口腔浸泡，很容易发生乳头皲裂。一旦乳头裂伤，喂奶时疼痛难忍，甚至可能会出血，而且皲裂的乳头易被细菌侵入，引起乳腺炎。这样一来，许多妈妈就会丧失母乳喂养的信心。因此要学会正确的哺乳姿势，每次喂奶时可先喂没有皲裂的乳房，后喂皲裂的；也可将乳汁挤出，用小勺喂宝宝。每次哺乳前要做乳房按摩，用温开水清洗乳房，哺乳后挤出一滴乳汁涂在乳头的表面，可使皲裂乳头很快愈合。

★患乳腺炎时的母乳喂养

发生乳腺炎的主要原因是乳腺导管不通畅，乳汁瘀积，从而引起细菌侵袭导致感染。当有乳房肿胀、乳核形成时，仍可让宝宝继续吃奶，因为宝宝的有力吸吮可以起到疏通乳腺导管的作用。每次喂奶时，应先吸患炎症的一侧乳房，再吸健康的一侧乳房。如果炎症很厉害，甚至发生脓肿时可暂停哺乳，将乳汁挤出或用吸奶器吸出，经消毒后仍可喂给宝宝。在选择使用抗生素时，一定要选用那些不经乳汁排泄，对宝宝无害的药物。实际上只要认真坚持母乳喂养，乳腺炎的发生会大大降低。一旦发生乳腺炎也不要轻易断奶，而应请医生诊治，继续哺乳。

★患感冒时的母乳喂养

妈妈患上感冒还能喂奶吗？回答是肯定的。上呼吸道感染是很常见的疾病，空气中有许多致病菌，当我们的抵抗力下降时就会得病。坚持哺乳反而会使宝宝从母乳中获得相应的抗病抗体，增强抵抗力。当然，妈妈感冒很重时应尽量减少与宝宝面对面的接触，可以戴上口罩，以防呼出的病原体直接进入宝宝的呼吸道。妈妈感冒不重的情况下可以多喝开水。如果病情较重，需要服用其他药物，应该严格按医生处方服药，以防止某些药物进入母乳而影响宝宝。

混合喂养的方法

混合喂养是指母乳分泌不足或因工作原因白天不能哺乳，需加用其他乳品或代乳品的一种喂养方法。它虽然比不上纯母乳喂养，但还是优于人工喂养，尤其是在产后的几天内，不能因母乳不足而放弃。

混合喂养时，应每天按时母乳喂养，即先喂母乳，再喂其他乳品，这样可以保证母乳分泌。但其缺点是因母乳量少，宝宝吸吮时间长，易疲劳，可能没吃饱就睡着了，或者总是不停地哭闹，这样每次喂奶量就不易掌握。除了定时母乳喂养外，每次哺乳时间不应超过10分钟，然后喂其他乳品。注意观察宝宝能否坚持到下一次喂养时间，是否真正做到定时喂养。

如果妈妈因工作原因不能白天哺乳，加之乳汁分泌不足，可在每日特定时间哺喂，一般不少于3次。这样既保证母乳充分分泌，又可满足宝宝每次的需要量。其余的几次可给予配方奶，这样每次喂奶量较易掌握。

混合喂养时应注意不要使用橡皮奶嘴、奶瓶喂宝宝，应使用小匙、小杯或滴管喂，以免造成乳头错觉。

次喂奶最好让宝宝在10~15分钟内喝完，目的是使每分钟进入胃内的奶量比较适当，这样奶与胃液充分调和起来，容易消化。如果孔过小，吸起来很费力，宝宝就不愿意吸奶瓶了；孔过大，容易呛奶，所以奶嘴孔的大小要合适。

★喂奶时手持奶瓶的姿势要正确

要让奶嘴中灌满奶液，这样可以避免空气吸入。若持瓶姿势不正确，宝宝吸奶时连同空气一起吸入，会引起宝宝胃部膨胀，易导致溢奶，影响宝宝生长发育。

★逐步养成定时定量喂养的习惯

定时定量喂养能使宝宝养成良好的生活习惯，有利于生长发育，也有利于父母的工作和生活。定时和定量是相对的，因新生儿胃容量小，生后3个月内可不定时喂养。3个

人工喂养应注意的问题

★用具的清洁和消毒

所有人工喂养的用具，每天都要洗刷干净后煮沸或放在消毒锅中消毒。

★奶嘴的孔不宜过大也不宜过小

奶嘴孔的大小可随宝宝的月龄增长和吸吮能力的强度而定，新生宝宝吸吮的孔不宜过大，随月龄增加奶嘴孔可以加大一些。每

月后婴儿可建立自己的进食规律，此时应开始定时喂养，每3～4小时1次，约6次/日。允许每次奶量有波动，避免采取不当方法刻板要求婴儿摄入固定的奶量。

配方奶作为6月龄内婴儿的主要营养来源时，需要经常估计婴儿奶的摄入量。3月龄内奶量为500毫升/日～750毫升/日，4～6月龄婴儿为800毫升/日～1000毫升/日，并逐渐减少夜间喂奶的次数。

★奶瓶的选择与消毒

奶瓶喂养比较方便，但应注意奶瓶、水瓶的消毒和保存。选择奶瓶的原则是内壁光滑，容易清洗干净，煮沸消毒不易变色或变形，带奶瓶帽。奶瓶的个数最好与宝宝每日喂奶、喂水的总次数相等。因为对于小宝宝来讲，奶瓶、奶嘴的彻底清洁与消毒很重要，若准备的奶瓶、奶嘴太少，每用过一两个就需要彻底消毒准备下次用，这样一天就要消毒许多次奶瓶。多备几个奶瓶、奶嘴就可以减少许多麻烦，并可集中彻底煮沸消毒。

在对奶瓶进行消毒前，应先用冷水冲掉残留在奶瓶、奶嘴里的奶，再把奶瓶、奶嘴放在温水中用奶瓶刷将其内部刷洗干净，然后，使刷毛位于奶瓶口处，旋转刷子，彻底刷洗瓶子内口；然后抽出刷子，洗刷瓶口外部螺纹处和奶嘴盖的螺纹部；最后，用毛刷尖部清洗奶嘴上边的狭窄部分。把洗过的奶瓶、奶嘴用清水冲洗干净，放入消毒锅内蒸5分钟左右备用。有条件的家庭可把备用的奶具放在消毒柜中。

防止新生儿打嗝、吐奶

新生儿在喂奶前哭闹，或吃奶时常常会把空气吸进胃里，所以在喂奶后经常打嗝，有时随着嗝会把奶带出来。为避免这种情况，在喂奶前尽量不要让新生儿哭太长时间，吃奶时乳头或奶嘴要填满新生儿的口腔，避免新生儿吸入太多的空气。喂奶后还要帮助新生儿拍嗝，将胃里的空气排出。

具体方法是：妈妈用一只手托住新生儿的头及后颈，另一只手搂住新生儿的后腰及屁股，让新生儿趴在妈妈的身上，头扶靠着妈妈的肩。这时候，托新生儿头的手就可往下移至新生儿的后背，用手掌轻轻拍新生儿的后背，直到新生儿打出嗝。需要注意的是，妈妈给新生儿拍嗝的手后掌部不要离开新生儿，以防新生儿后倾。

新生儿的胃呈水平状，贲门松弛，喂奶后稍稍活动就会出现吐奶、溢奶的情况。所以，喂奶后除拍嗝之外尽量不要让新生儿过多地活动，如洗澡、换尿布等都应在喂奶前完成。为避免发生意外情况，喂奶后最好让新生儿右侧卧位睡觉，便于胃内容物从右侧的幽门进入十二指肠，也可以防止吐奶或溢奶呛入气管或流入耳道。可在新生儿背后垫上一个枕头或小被子固定其体位。

早产儿的喂养

妊娠28~37周出生的新生儿为早产儿，我国大约有5%~15%的新生儿属于早产儿。早产儿身体的各个器官发育不够健全，容易产生很多健康问题。

★母乳是早产儿的最佳选择
对早产儿最好进行母乳喂养，因为早产妈妈的乳汁中所含的各种营养物质和氨基酸较足月分娩的妈妈多，能充分满足早产儿的营养需求，更利于早产儿的消化吸收。早产儿吃母乳不容易发生腹泻和消化不良等疾病，还能提高免疫力，对抗感染有很大帮助。

★掌握正确的喂养方法
早产儿除了消化和吸收能力不如足月新生儿以外，吸吮和吞咽能力也差，常常无力吃奶或不会吃奶。早产儿的胃容量极小，因此，喂养早产儿要十分细心，掌握科学的方法非常重要。

有吸奶能力、体重在1.5千克以上的早产儿，如果一般情况好可以直接吃母乳。一开始每天吃1~2次，每次5~10分钟，第一次喂2~3分钟。若早产儿无疲劳现象，可以逐渐增加喂奶时间和次数。吸吮能力差的早产儿，可把母乳挤到奶瓶里，用奶瓶、小勺或滴管喂。不要让早产儿平躺着吃奶，应采取侧卧位，左右交替侧卧，这样可以使早产儿两侧肺部都能很好地扩张，还可以通过变换体位改善血液循环。更重要的是，宝宝侧卧位时吐奶不容易呛咳，能避免呕吐物吸入气管，引起吸入性肺炎或窒息。

对于无法进行母乳喂养的早产儿，一定要选择专门设计的早产儿配方奶粉。这样的配方奶粉总蛋白低，乳清蛋白和酪蛋白的比例为70：30，而总热量比一般的配方奶粉要高，有利于早产儿消化吸收和增加体重。当早产儿的体重达到2.5千克时应更换普通配方

1.新生儿曾有过宫内窘迫和窒息。

2.新生儿呼吸困难。

3.新生儿正在使用呼吸机、有可能导致缺血和缺氧。

在以上情况下，如果早开奶可能出现胃肠道功能障碍，食物不易消化，容易引起肠道感染和坏死性小肠结肠炎。

对于以上情况，父母也不必担心，医院可以采用肠道外营养，也就是静脉高营养法，可以将早产儿所需的营养物质，直接从静脉注入体内，以满足所需的营养素，如葡萄糖、氨基酸、脂肪、乳糖以及维生素类等。待这些并发症缓解后，可以开始或继续喂养。

★为什么早产儿会喂养不耐受

喂养不耐受是早产儿最常见的喂养问题，也称"喂养困难"。早产儿出生前，其营养素的来源完全依赖母体输送，出生后情况转变，必须通过自己的胃肠道摄取，但早产儿胃肠动力的发育与胃肠的消化、吸收功能可能还暂时不能适应这一转变。

早产儿，尤其伴有窒息、硬肿症、感染的早产儿都可导致胃肠动力障碍，出现喂养不耐受。所以，妈妈在给早产儿喂奶时应该密切观察有无不耐受的情况，早发现、早处理不仅可以防止早产儿营养缺乏症，还可以防止胃肠道的严重并发症，如坏死性小肠炎的发生。

奶粉。体重2千克左右的早产儿可以每3小时喂1次奶，体重2千克以下的早产儿每2小时喂1次奶。

计算奶量可以参考下列公式：

最初10天以内：每日喂奶量（毫升）＝（宝宝出生实足天数+10）×体重（千克）/100

出生10天以后：每日喂养量（毫升）＝1/5~1/4体重（千克）

★哪些早产儿要延迟开奶

我们知道，尽早给早产儿喂奶可以防止低血糖，缩短生理性体重下降的时间，并且促进胃肠道成熟。但是，有些情况是不适合早期喂养的，比如：

★如何判断早产儿是否能耐受喂养

早产儿是否能耐受喂养是早产儿喂养中的重要问题，只有正确判断喂养出现的问题，才能保证早产儿的营养和生长发育。所以，在早产儿喂养中应非常注意观察以下几个方面：

1.观察胃残留量：对于用胃饲管喂养的早产儿，每次喂养前要先抽取胃中残余奶量。正常的胃残留量是：体重低于1.2千克的早产儿，胃残留量每次可以有1毫升～2毫升；体重1.2千克～1.5千克的早产儿，胃残留量可以有2毫升。胃残留量在2毫升～3毫升或出现绿色胃残留物时，还不足以诊断喂养不耐受，可以继续喂养。若胃残留量大于上次喂奶量的25％，则要考虑减少奶量。

2.频繁呕吐（每天多于3次），延迟喂奶时间，或者酌情不增奶量、减少奶量（超过3天）。

3.观察是否腹胀：判断是否腹胀可以用测量腹围的办法，但要固定测量部位和时间。一般当腹围增加1.5厘米时，应减量或停喂1次。

4.血便或大便潜血，提示有肠道感染或坏死性小肠结肠炎，应停止胃肠喂养。

★如何防治早产儿喂养不耐受

凡是影响胃肠动力的因素均可造成早产儿喂养不耐受。喂养不耐受不仅会影响胃肠喂养，还可能妨碍早产儿的生长发育。早产

儿消化道动力不仅与妈妈的孕周有关，也有个体差异，所以应根据个人情况调整喂养方案，使消化道动力处于最佳状态，以避免发生喂养不耐受。

1.合理喂养

一般早产儿体重越轻越容易出现喂养不耐受。体重在1千克以下的早产儿，如果没有并发症，尽可能不要禁食，可采用肠道微量喂养法。少量的奶汁喂养，对胃肠道有生物刺激作用，可提高早产儿的胃排空率，改善对喂养的耐受性。

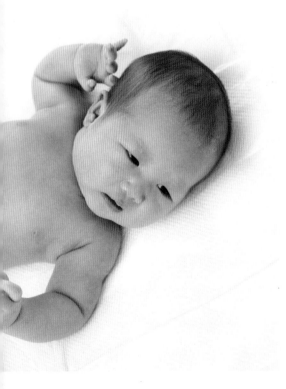

要尽可能在短时间内达到完全肠内喂养。可每次从1毫升开始，每小时1次。如果胃里没有残留奶，可以加奶，加奶量也是从1毫升开始加起，这种方法虽然不能给足早产儿所需的全部营养素，但可以促进胃肠的发育，增加胃肠道的耐受，比完全禁食要好。

2.母乳喂养

母乳比配方奶更容易被消化和吸收，母乳喂养可以减轻早产儿的喂养不耐受。

3.进行抚触按摩

腹部的抚触按摩可增加早产儿胃肠动力，加速胃肠排空，诱发胃肠激素的分泌，促进消化道动力，有利于提高早产儿喂养耐受性，促进早产儿的生长。非营养性吸吮也可加快早产儿吸吮反射的成熟，调节胃肠肽水平，增加胃动力。可以让宝宝吸吮空奶头，以促进胃肠发育。

4.斜坡俯卧位

采取头高脚低呈20°角的斜坡式俯卧位。这种体位可以促进胃排空，能改善早产儿消化功能，但如不注意看护，容易引起早产儿窒息。

5.仔细观察并发症

对于有并发症的早产儿，如窒息、硬肿症、心肺疾病，使用过呼吸机，更容易出现喂养不耐受，所以对这样的早产儿进行喂养时应慎重，可以从微量喂养开始并注意观察，一旦有喂养不耐受表现应马上禁食。

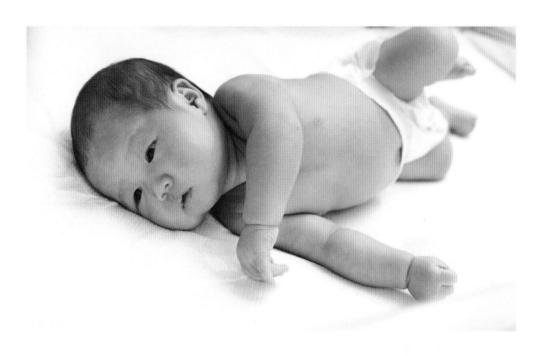

什么时候给早产儿换奶最合适

尽管早产儿配方奶是早产儿早期很理想的主食，但在适当的时候应该换成普通婴儿配方奶粉，这不仅是因为早产儿奶粉价格较高，或者购买不方便，而且还因为随着早产儿的胃肠道功能已趋于成熟，婴儿奶粉更有助于宝宝获得全面营养并使胃肠道正常发育。

当早产儿的体重达到3000克以上，其矫正月龄达到了正常足月时，其胃肠消化吸收的功能也已健全，此时可以逐渐给他喂普通婴儿配方奶粉。

早产儿换奶过程应渐进和缓慢，每次换一点儿，约在2周内完全改换过来。这种缓慢的改换过程是早产儿胃肠道适应的过程。换奶的第1天，可先减少1小匙早产儿奶粉，换1小匙普通婴儿配方奶粉；若2天内宝宝的胃肠没有不良反应，则第3天即可再进行第2小匙的更换；反之若有腹泻，则应立即回复到原来的冲调状况。以如此的速度换奶，约一两周即可完全改换过来。

在更换奶品的过程中，宝宝可能出现胃肠不适，表现为腹泻，大多是由于奶粉的冲泡浓度不当。一般轻度腹泻，调节一下奶粉的比例即可；如有严重的腹泻，可能会丢失大量的水分和营养素，导致脱水和营养不良，要马上纠正，使宝宝肠胃恢复正常。更换奶粉时要注意宝宝有无身体过敏，如身体出现红疹、呼吸道过敏、气管发炎、咳嗽等现象，应停止再喂养这种宝宝奶粉。

有些早产儿，虽然体重已达3000克以上，但仍可能存在慢性肺部病变、心脏功能不佳、胃肠消化不良等后遗症，此时继续喂食早产儿配方奶也是有益的。所以换奶时要注意具体情况，不要操之过急。

足月低体重儿的喂养

合理喂养可以促进低出生体重儿体格及智力的发育，防止新生儿发生低血糖、低血钙及高胆红素血症，减少新生儿自身蛋白分解和酮尿症发生的机会，缩短新生儿生理性体重下降的时间。

母乳是低出生体重儿的最佳营养来源，尤其是早期足量的喂养。一般是在出生后4～6小时开始试喂，以随饿随喂为原则。

出生体重在2千克以上的新生儿，一般可以直接喂母乳或用小勺喂养；出生体重不足2千克或有其他问题的要用鼻饲。

若因母乳不足或某种原因不能喂母乳，需混合喂养或人工喂养时，代乳品的选择是很重要的。最好选用专门为低出生体重儿配制的配方奶粉。

人工喂养的奶量一般是每天100毫升/千克～160毫升/千克，但新生儿的个体差异很大，不能千篇一律，要根据低出生体重儿自身的需要量及耐受情况而定，以保证新生儿的体重每天能增加25克～30克。

剖宫产儿的喂养

研究发现，剖宫产术后新妈妈泌乳的始动时间，也就是胎儿娩出至新妈妈自觉乳胀、挤压乳房时第一次有奶水排出的时间，要比自然分娩的妈妈晚近10小时，而且体内的催乳素水平偏低，加之术后的体位限制、疼痛、心理因素等都会影响母乳分泌。那么，剖宫产的妈妈如何成功进行母乳喂养呢？

★尽早给新生儿哺乳

泌乳是一个复杂的生理过程，催乳素在泌乳的启动和维持乳汁分泌中起重要作用，频繁吸吮乳头及乳房的排空，是促进催乳素分泌的重要因素。初乳中能够抵御外界病毒、细菌侵袭的免疫蛋白含量最高，以后逐渐下降，所以产后尽早哺乳是促进新生儿生长发育和保障母乳喂养成功的关键。

新生儿出生后20～50分钟吸吮反射最强，如能在此期间充分有效地实施"三贴"，即妈妈与新生儿胸贴胸、腹贴腹、新生儿口腔贴新妈妈乳房；以及"三早"，即早接触、早吸吮、早开奶，不仅可巩固新生儿的吸吮反射，还可以刺激妈妈的乳头神经末梢，从而引起催乳素的释放，使乳汁提前分泌，提高泌乳量。因此，剖宫产的妈妈应积极采取早接触、早吸吮等催乳措施，及早开奶。

★减轻剖宫产切口的疼痛

剖宫产术后疼痛不仅影响新妈妈的休息和睡眠，而且可能抑制泌乳。特别是术后3天内，腹部切口疼痛是最突出的，会严重影响新妈妈的活动，直接导致哺乳姿势受限，影响新生儿对乳头的含接，使妈妈感到力不从心，甚至失去哺乳的信心。

★缓解紧张情绪

刚刚生完宝宝，新妈妈几乎都存在不同程度的焦虑、不安、抑郁、恐惧等心理方面的问题。剖宫产的新妈妈对于手术本身就存在紧张情绪，加之术后疼痛、行动不便及睡眠欠佳、疲劳的影响，以及对于产后角色转换的不适应，心理问题更加突出，更易情绪低落、不知所措，对成功哺乳没有足够的信心。而人体神经内分泌的变化很大程度受到心理因素的调控，不良心理因素会影响垂体分泌催乳素，进而影响乳汁分泌。家人应该给予更多的关心、照顾和鼓励，注意新妈妈的情绪变化，通过安慰的话语和实际行动帮助新妈妈解除顾虑，使她感受到初为人母的喜悦，这样有助于乳汁分泌。

★选择合适的哺乳姿势

妈妈哺乳时的体位直接影响新生儿口腔含接乳头的姿势，平卧位时乳房显得较平坦，乳头及周围乳晕不易凸出，新生儿不易含住乳头及大部分乳晕，侧卧位也不利于形成好的含接姿势。新生儿的含接姿势不正确容易造成妈妈乳头疼痛及皲裂等问题。

坐位哺乳是最佳体位，但剖宫产的妈妈最初几天因腹部切口疼痛，或切口受压和摩擦，多采用半坐卧位哺乳姿势。其实，有一种环抱式坐位哺乳方法比较适合剖宫产的妈妈，不仅舒适方便，而且可以使新生儿有效吸吮。具体做法是：妈妈坐在床边，把枕头、棉被等叠放在床上，高度接近乳房下缘，让宝宝躺在上面，妈妈身体前倾，让宝宝的嘴刚好可以含住乳头，妈妈就可以环抱宝宝哺乳了。

总之，只要能保持良好的心态，及早哺乳，适当镇痛，采取合适的体位，任何一位剖宫产的妈妈都可以成功进行母乳喂养。

第二章

2～3个月，
宝宝怎么喂

宝宝为什么会厌奶

很多宝宝都经历过类似的情况，突然间不爱吃奶了，持续的时间有长有短，一般在半个月到1个月之间，也有持续2个月的，这就是我们所说的"厌奶"。厌奶的原因是多种多样的，生病、使用抗生素、内热体质或者是气候（夏季湿热、秋冬上火等）都会导致厌奶，家长要辩证对待，不能一概而论。疾病导致的厌奶称为"病理性厌奶"，要及时治疗疾病，病好了宝宝的饮食也就恢复正常了。

除了疾病之外，导致厌奶的另一个重要原因是宝宝的肠胃在适应新的营养需求，处于吸收转型期，称之为"生理性厌奶"，无须治疗。宝宝3个月前主要以消化吸收奶里的脂肪为主，身高、体重增长很快，这一时期的体形被称为"婴儿肥"。转型时间段分别是3个月、6个月、12个月，随着时间和吸收营养素比例的逐渐改变，小宝宝会脱去"婴

儿肥"，进入婴儿体形阶段，这个时候就会显得比小宝宝阶段瘦一些，这属于自然规律，很正常，父母不要过分担心。吸收转型期对宝宝小小的胃肠和肝肾都是一种挑战，最好让宝宝自己适应，这样激发出来的免疫力非常强。

很多妈妈对宝宝厌奶很着急，千方百计让宝宝吃，可是越急宝宝越不吃，针管、喂药器、勺子等"十八般武艺"一一上阵，最后弄得宝宝一见奶就哭（恭喜妈妈，宝宝学会表达自己的感情了）。妈妈的奶水甚至会因为着急上火消退了，这样更延长了宝宝的厌奶时间，得不偿失。宝宝出现生理性厌奶说明他的身体开始自我调整了！是为6个月后母体带来的抵抗力消失、启动自己的免疫力进行预演呢。所以，深呼吸、调整好心情，以及妈妈的温柔和耐心是对宝宝最大的鼓励和支持。

如果这些都不行，就看看宝宝的生长曲线，看看宝宝是不是有一段时间长得特别

Tips 应对厌奶的小妙招

1.吃配方奶的宝宝出现厌奶可以尝试换奶粉。

2.把奶放凉一点儿，温度在35℃左右，这一点很重要。有很多有上呼吸道问题的宝宝，就是因为小的时候吃太热的奶，咽喉和口腔的黏膜受到长期刺激充血造成的。

3.换奶嘴。聪明的宝宝嘴巴特别敏感，奶嘴软硬是否合适一尝就知道了。

4.见机行事。宝宝喝奶分量不定，多半早上起来时会喝得较多，所以如果看他食欲旺盛，则不妨酌情增量。

快，如果是这样，就是在那段时间内过量地吃奶，宝宝的内脏非常累，厌奶是在告诉妈妈"奶太多了"。千万不能急，宝宝只要生长得好就应该没有多大的问题。除非是有大问题了，一般不建议经常去医院，医院的环境过于复杂，病毒相对较多，本来宝宝没有病，去医院传染上病就不好了。

需要给宝宝添加果汁吗

以前医生会建议在宝宝两三个月时就添加新鲜的果汁，因为当时配方奶粉并不普及，鲜牛奶中的维生素C含量很低，不能满足宝宝生长发育的需要，添加一些新鲜的果汁可以让宝宝多摄入一些维生素。但现在提倡

至少到宝宝4～6个月再添加辅食，因为过早添加辅食容易造成过敏或消化不良，还会影响奶的摄入量。现在绝大多数宝宝都是吃母乳或配方奶，其中所含的各种维生素和矿物质完全能够满足生长发育的需要，不需要再额外过早添加辅食。

辅食即母乳或配方奶以外的富含能量和各种营养素的泥状食物（半固体食物），它是母乳或配方奶和成人固体食物之间的过渡食物，能为宝宝的生长发育提供更丰富的营养。有些妈妈看到别人家的宝宝吃辅食了，也急着给自己的宝宝加。其实，辅食并不是加得越早、越多越好。如果辅食添加的时机掌握不好，短期内有可能对宝宝的生长发育和妈妈的身体恢复带来不利的影响。0～4个月的宝宝消化吸收系统发育尚不完善，尤其

是消化酶系统功能不完善，4个月以内的宝宝唾液中淀粉酶低下，胰淀粉酶分泌少且活力低，过早添加辅食会增加宝宝胃肠道负担，出现消化不良及吸收不良，而且可能还会影响母乳喂养，甚至使宝宝在短期内出现生长发育迟缓。因此，不要过早给宝宝添加辅食。纯母乳喂养的宝宝，如果体重增长正常完全可以到6个月再加辅食，混合喂养或人工喂养的宝宝也要等到满4个月以后再加。

如何补充钙剂和维生素D

婴儿时期是人体生长发育最迅速的时期，尤其是骨骼增长很快，及时补充钙剂和维生素D对预防佝偻病的发生就显得尤为重要。那么如何补充钙片和鱼肝油滴剂呢？

根据世界卫生组织的规定，纯母乳喂养的宝宝在4个月时是不需添加任何营养素的（包括钙和维生素D），母乳中所含的营养成分完全可以满足4个月内的宝宝需要。由于我国饮食结构不同于西方国家，许多孕妇及乳母自身就缺钙，所以我们提倡女性在孕期和哺乳期就应注意钙的补充，多吃些含钙多的食物，如海带、虾皮、豆制品、芝麻酱等。牛奶中钙的含量也是很高的，可以每日坚持喝500毫升牛奶。也可以补充钙片，另外要多晒太阳以利钙的吸收。如果母乳不缺钙，母

乳喂养儿在3个月内可以不吃钙剂，只需要从出生后3周开始补充鱼肝油。尤其是寒冷季节出生的宝宝，更应注意补充。

如果是人工喂养的宝宝，应在出生后2周就开始补充鱼肝油和钙剂。如果是早产儿，更应及时、足量补充。鱼肝油中含有丰富的维生素A和维生素。维生素D的补充每日应达到400国际单位，但是如果长期过量补充维生素D会发生中毒反应。

1～6个月的宝宝每日钙的需要量约500毫克，除去配方奶中的钙以外，还应适量补充钙剂（母乳喂养的宝宝可在3个月以后补充）。钙剂的种类繁多，吸收是最关键的。有的家长问："我的宝宝一直在吃钙片，为什么一检查身体还说缺钙？"其实，钙剂的补充必须有维生素D的参与，即鱼肝油的补充，才易吸收。另外，补充钙剂时不应加入牛奶中服用，因为钙在牛奶中易形成不能吸收的钙盐沉淀。补充钙剂可用小勺将用水化好的钙剂直接喂给宝宝。多参加户外活动，增加日光浴，无论是对孕妇、乳母还是宝宝，都是有好处的。

★怎样判断宝宝是否缺钙

可从以下几个方面观察判断宝宝是否缺钙：

1.枕秃

有些宝宝在夏季出汗多或家长为宝宝穿得过多，容易出汗，出汗过多会引起皮肤发痒；还有些宝宝头面部有湿疹，也会引起皮肤发痒。这些原因均可使宝宝在枕头上蹭头，出现枕秃（医学上称"环形脱发"）。如果确实是因为缺钙引起枕秃，要在医生指导下补充维生素D及钙制剂。

2.精神烦躁

宝宝烦躁磨人，不听话，爱哭闹，对周围环境不感兴趣，不如以往活泼、脾气怪等。

3.睡眠不安

宝宝不易入睡，易惊醒、夜惊、早醒，醒后哭闹难止。

4.出牙晚

正常的宝宝应该在4～8个月时开始出牙，而有的宝宝因为缺钙到1岁半时仍未出牙。

5.前囟门闭合晚

正常情况下，宝宝的前囟门应该在1岁半闭合；缺钙的宝宝则前囟门宽大，闭合延迟。

6.其他骨骼异常表现

方颅，肋缘外翻，胸部肋骨上有像算盘珠子一样的隆起，医学上称作"肋骨串珠"；胸骨前凸或下缘内陷，医学上称作"鸡胸"或"漏斗胸"；当宝宝站立或行走时，由于骨头较软，身体的重力使宝宝的两腿向内或向外弯曲，就是所谓的"X"形腿或"O"形腿。

7.免疫功能差

宝宝容易患上呼吸道感染、肺炎、腹泻等疾病。

家长如果观察到宝宝在以上项目中占了

2～3项以上，就要带宝宝去医院，由医生根据宝宝出现的症状、体征及血钙化验等判断宝宝是否缺钙，以便及时治疗。

★补钙吸收是关键

进行母乳喂养的妈妈应该注意补钙，哺乳期间每日应保证摄入1200毫克钙。人工喂养的宝宝，如果每日能喝800毫升的配方奶粉，就能够满足机体对钙的需要。如果宝宝还是缺钙，首先要想到的不是给宝宝吃何种钙剂，钙含量是多少，而是吸收的问题。同样是100毫克的钙，母乳中钙的吸收率为80%，牛奶中钙的吸收率为60%，食物中的钙如果搭配合理吸收率在50%左右，其他钙元素大多在30%左右，只不过数量占优势而已。但钙是矿物质，高单位、密集型摄入是非常不容易消化吸收和沉积的，这就是很多脾胃虚弱的宝宝补钙效果不好的原因，而且非常容易导致宝宝大便干结、消化不良，甚至导致脾胃不和。

排除了宝宝生病的原因，可以考虑添加鱼肝油，同时需要增加晒太阳的时间和宝宝的活动量，促进钙的吸收。最后，才是针对宝宝体质开出适合宝宝肠胃吸收的钙剂。

★怎样为宝宝选择钙剂

为宝宝选择钙剂（包括鱼肝油）应该注意以下几个问题：

1.重金属含量要低

国际营养协会早在2006年就出台了一项规定，要求所有的GMP认证（Good Manufacturing Practice，世界上第一部药品从原料开始直到成品出厂的全过程质量控制法规）生产厂家必须标注其生产的钙和鱼肝油产品中的重金属含量。

2.钙元素的含量

钙元素的含量并不是越多越好，也有吸收率的问题。氨基酸螯合钙的吸收率在45%～50%，但没有适合6个月以下宝宝的；碳酸钙不适合婴儿，适合新陈代谢快的运动员；醋酸钙、葡萄糖酸钙等吸收率都在30%左右，只是因为摄入量大、纯度高，总体吸收量就比较高而已。

3.容易发生混淆的概念

有些厂家直接把维生素A、维生素D滴剂叫作"鱼肝油"，这在国际上是不规范的。真正的鱼肝油除了包括维生素A、维生素D，还含有DHA、EPA、Omega-3、维生素E等多种营养素，其中DHA、EPA、Omega-3等对大脑神经、视网神经的发育大有裨益。新手父母在购买的时候一定要看清楚成分表，如果单纯的含有维生素A、维生素D，这种营养素只能叫作维生素AD滴剂，绝对不是鱼肝油。

第三章

4~6个月，
宝宝吃什么

4~6个月宝宝的营养需求

这一阶段要特别注意蛋白质的摄入，因为宝宝出生第3个月时脑细胞数目的增加出现第2个高峰，并持续到1岁半，以后几乎不再增加。脑细胞数目的多少和儿童智力发育水平的高低有着密切的关系，如果这一阶段蛋白质摄入不足将严重影响宝宝的大脑发育。

4~6个月宝宝吃的本领

4~6个月的宝宝已经能很好地控制头和躯干，能伸手抓或扒食物。将食物自动吐出来的挤压条件反射消失，开始有意识地张开小嘴巴接受食物了。4个月时吸和吞的动作分开，食物放在舌头上可咬和吸。能够用舌头将食物移动到口腔后部，进行上下方向的咀嚼运动，并可将半固体食物吞咽下去。5个月时出现有意识的咬的动作。4~5个月的宝宝对食物的微小变化已很敏感，能区别酸、甜、苦等不同的味道，这一时期是味觉发育的关键期。消化系统已经比较成熟，能够开始消化一些淀粉类、泥糊状食物了。

有部分宝宝在6个月左右开始长出第1颗乳牙，一般为下门牙。人一生中有两副牙齿，即乳牙（共20个）和恒牙（共32个）。出生时，在颌骨中已有骨化的乳牙牙孢，但

4~6个月的宝宝每日营养需求

营养名称	营养需求
能量	460千焦（110千卡）/千克体重（非母乳喂养应该加20%）
蛋白质	2克/千克体重~4克/千克体重
脂肪	4克/千克体重（占总能量比的45%~50%）
碳水化合物	12克/千克体重（人工喂养儿略高）
钙	300毫克（800毫升母乳摄入量）
磷	150毫克
钾	500毫克
钠	200毫克
镁	30毫克
铁	0.3毫克
碘	50微克
锌	1.5毫克
硒	15微克
维生素A	400微克当量（母乳喂养儿一般不需额外补充）
维生素D	10微克
维生素B_1	0.2毫克
维生素B_2	0.4毫克
维生素B_6	0.1毫克
维生素B_{12}	0.4微克
维生素C	40毫克（母乳喂养儿一般不需额外补充）

未萌出，恒牙的骨化则从新生儿期开始。新生儿时期无牙，出生后4～6个月乳牙开始萌出，如果12个月尚未出牙，可向口腔科医生进行咨询。宝宝在6个月时多数开始出现下切牙（门牙），但乳牙的萌出时间存在较大的个体差异。2岁以内牙齿数=月龄—（4～6），如宝宝6个月时的出牙数应当为6—（4～6），也就是开始出2个乳牙或未出牙。

妈妈上班后怎样进行母乳喂养

宝宝4个月了，有些妈妈要上班了，或者开始给宝宝添加辅食了。许多家长就误认为这时母乳不很重要了，完全可以用其他食品来替代，这种想法是不对的。

此时宝宝正逐渐长大，营养素的需求量也逐渐增加，增添适量辅食是必要的，但如果辅食添加不当，易引起消化不良。更何况宝宝从母体中获得的抗感染物质也逐渐消耗、减少，抗病能力下降。如果此时以配方奶或其他代乳品等完全代替母乳，就更不容易消化吸收，宝宝可能会发生胃肠功能紊乱，影响其生长发育，所以千万不要轻易放弃母乳喂养。为了宝宝的健康成长，要坚持母乳喂养。

已上班的妈妈，可以携带消毒奶瓶到单位，定时将乳汁挤出并贮存起来，供第二天

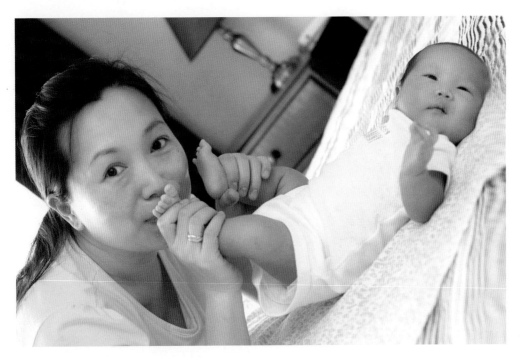

白天宝宝享用，晚上仍可亲自哺乳，每天应坚持哺乳三次以上，尽量减少其他乳品及辅食的次数，这样做，宝宝安康，父母也省心。

★怎样挤奶和保存母乳

哺乳期的女性，有时会因多种原因不能正常哺乳，比如上班、出差、生病、吃药等。为了保持奶汁的充分分泌、消除乳胀，又能及时将母乳喂给宝宝，掌握正确的挤奶方法是很重要的。

很多妈妈都选择使用吸奶器，因为吸奶器可以帮助妈妈们刺激母乳分泌，而且还可以帮助上班妈妈把母乳保存起来。使用吸奶器时，首先洗净双手和乳房。从每个乳房中轻轻挤出一点乳汁以确保乳腺没有堵塞。确保你已经将吸奶器消过毒并且安装好了。使用吸奶器之前看看使用说明书。选择一张舒适的座椅，放松身体，稍稍向前倾斜（背后垫个枕头），并且在旁边放一杯清水。将吸奶器的漏斗和按摩护垫紧紧压在乳房上，不要让空气进入，以免失去吸力。当你轻柔地按压把手时，你会感觉到有吸力作用在乳房上。吸奶器的吸力不用到达最大程度，就能使你的乳汁顺利流出，所以没必要将把手完全按到底以形成真空，自己感觉舒适就可以了。刚开始吸奶时，可以快速按压把手5～6次。接着，按住把手使其停留2～3秒，然后放开把手让其自动回位，乳汁会在把手回位时流出。在挤压几次之后，就应该有乳汁流出。如果没有乳汁流出也不要着急，放松心情继续尝试就可以了。如果吸奶过程给你造成痛苦，应立即停止并咨询医生。需要注意的是，如果吸不出乳汁，持续用吸奶器挤压乳房不要超过5分钟，应换个时间再试。可能有些妈妈喜欢使用不带按摩护垫的吸奶器，但是试验证明，使用按摩护垫会加速乳汁的流出，从而使吸奶变得更容易。一般情况下，挤出60毫升～125毫升的乳汁需要10分钟的时间。但是各人情况不同，总有差异。如果你一次挤出的乳汁超过125毫升，请使用更大的奶瓶。

挤奶持续时间以20分钟为宜，不要挤的时间太长，免得增加新妈妈负担。要做到24小时内挤奶6～8次或更多，才能保持泌乳。若产后几周发现奶量不足，可每隔半小时至1小时挤1次，夜间3小时挤1次，几天后乳汁就会增多。挤出的奶放在冰箱里冷藏可保留24小时，喂奶时可用热水复温即可，不必烧开。

开始添加辅食啦

婴儿的主食指的是奶，包括母乳和配方奶粉。辅食指的是除了母乳、婴儿配方奶粉和较大婴儿配方奶粉以外的食物，包括任何液体和固体食物。

宝宝1岁半之内应该把奶作为主食，这

样才能保证相对高密度能量的提供。如果奶的摄入量受影响，食物提供的能量将大大减少，不利于婴儿的正常生长。

随着婴儿生长发育，消化能力逐渐提高，单纯乳类喂养不能完全满足6个月后婴儿的生长发育需求，需要由纯乳类的液体食物向固体食物逐渐转换。家长可以根据宝宝每日进食的奶量及生长情况来决定每日的辅食搭配，调整辅食的结构及喂养量，让宝宝生长发育得更好。

★什么时候添加辅食

在通常情况下，4~6个月时应该逐步添加辅助食品，但因婴儿个体差异，开始添加辅食并没有一个严格时间规定。一般有下列情形时可以开始添加辅食：

· 婴儿体重增长已达到出生时的2倍。

· 婴儿在吃完约250毫升奶后不到4小时又饿了。

· 婴儿可以坐起来了。

· 婴儿在24小时内能吃完1000毫升或以上的奶。

· 婴儿月龄达6个月。

辅食添加过早可能会对健康产生不良影响，如果奶的摄入量受影响，食物提供的能量将大大减少，不利于婴儿的正常生长。不满4个月添加菜水、果汁、果泥都属于过早添加。家长要注意，在添加辅食期间，要保证宝宝一贯的喂养规律，不要主动减少母乳或

配方奶粉的喂养量和喂养次数。婴儿6个月至1岁期间，应保证每天喝奶量在600毫升~800毫升，1岁至1岁半不少于400毫升。

★为什么要添加辅食

1.补充母乳中营养素的不足

随着宝宝的生长发育和营养素需要量的增加，仅靠母乳或配方奶无法供给宝宝所需的全部营养素。WHO以及我国进行的乳母泌乳量的调查表明，营养良好的乳母平均泌乳量为700毫升/天~800毫升/天。毫无疑问，这一数量能满足0~6个月内婴儿的全面营养需要。6个月的婴儿每天需要能量为700卡路里~900卡路里，以母乳量分泌800毫升计，约提供560卡路里的能量，仅能满足此时婴儿需要量的80%。补充食物是唯一的选择。此外，婴儿出生4个月后，体内储存的铁被消耗

殆尽，加上母乳含铁量较低，宝宝必须从辅食中获得足够的铁以满足生长的需要。

2.增强消化机能

添加辅食可以增加婴儿唾液及其他消化液的分泌量，提高消化酶的活性，促进其牙齿的发育和消化机能的增强，训练宝宝的咀嚼吞咽能力。

3.促进神经系统的发育

及时添加辅食将有助于婴儿精神发育，刺激味觉、嗅觉、触觉和视觉。

4.培养良好的饮食习惯

转乳期是婴儿对食物形成第一印象的重要时期。通过添加辅食，使宝宝学会使用勺、杯子、碗等食具，结束停止母乳和奶瓶吸吮的摄食方式，逐渐适应普通的混合食物，最终达到断奶的目的，为孩子将来养成良好饮食习惯打下基础。

★宝宝的辅食有哪些

宝宝的辅食主要有三种形式：液体食物、泥糊状食物、固体食物。具体为果汁、菜汁等液体食物，米粉、果泥、菜泥等泥糊状食物以及软饭、烂面、切成小块的水果、蔬菜等固体食物。

★如何添加辅食

每次添加一种新食物，由少到多，由稀到稠，循序渐进，逐渐增加辅食种类，由泥糊状食物逐渐过渡到固体食物。混合喂养及人工喂养的宝宝建议从4月龄开始，母乳喂养的宝宝建议从6月龄开始增加泥糊状食物（如米糊、菜泥、果泥、蛋黄泥、鱼泥等），7～9月龄可由泥糊状食物逐渐过渡到可咀嚼的软固体食物（如烂面条、碎菜、全蛋、肉末），10～12月龄时，大多数婴儿可逐渐转为以进食固体食物为主的膳食。

★添加辅食的原则

宝宝的生长发育及对食物的适应性和爱好存在一定的个体差异，所以辅食添加的时间、数量以及快慢等都要根据宝宝的实际情况灵活掌握，遵照循序渐进的原则。

1.逐步适应

一种辅食应经过5～7天的适应期，再添

加另一种食物，然后逐步扩大添加的辅食的品种。第一个添加的辅食是米粉类，因为大米蛋白质很少会引发过敏。每种食物可能多次尝试才会被婴儿接受。

2.由少量到多量

添加辅食的量要根据宝宝的营养需求和消化道的成熟程度来准备，开始添加的食品可以先每天一次，以后逐渐增加次数和量，并逐渐减去母乳哺喂量。

3.从稀到稠，从粗到细

辅食从流质开始，逐渐过渡到半流质，再到软固体食物，最后是固体食物，例如依次是米汤、稀粥、烂粥、软饭。给予食物的性状应从细到粗，例如先从菜汤开始，逐渐喂细菜泥、粗菜泥、碎菜和煮烂的蔬菜。

4.注意观察婴幼儿的消化能力

添加一种新的食物时，如有呕吐、腹泻等消化不良反应，要暂缓添加，待症状消失后再从少量开始添加，不能认为孩子是不适应此种食物而不再添加。当宝宝生病时，可根据当时情况暂停添加新的辅食。

5.不要强迫进食

当宝宝不愿意吃某种新食品时，切勿强迫。可以改变给予食物的方式，如在宝宝口渴时给予新的饮料，在宝宝饥饿时给予新的食物。

6.单独制作

宝宝的辅食要单独制作，应不用盐或少用盐。作为辅食的食物应新鲜，制作过程要卫生，防止宝宝食入不干净的食物而导致疾病。食物最好现做现吃，不要喂剩存的食物。

★辅食添加方法

食物性状	泥状食物
餐次	尝试，逐渐增加至1餐
乳类	纯母乳；母乳和配方奶混合喂养；人工喂养
	定时哺乳（3～4小时），5次/日～6次/日，奶量800毫升/日～1000毫升/日
	逐渐减少夜间哺乳
谷类	强化铁的米粉，用水或奶调配
	开始少量（1勺）尝试，逐渐增加到每天1餐
蔬菜水果类	尝试蔬菜泥（瓜类、根茎类、豆荚类）1～2勺，然后尝试水果泥1～2勺，逐渐增加到每日2次
肉类	暂不添加
蛋类	尝试蛋黄泥，每日1/6～1/4个，无不适症状后再逐渐加量
喂养技术	用勺喂食

★添加辅食后，宝宝出现便秘怎么办

宝宝在接受新的食物时，容易出现便秘。因此，家长们在给宝宝添加辅食时一定要遵循由一种到多种、由少到多的原则。以宝宝营养米粉为例，对于4个月的宝宝来说，刚开始时喂1～2汤匙即可，2周以后再增加至4～5匙。

另外，冲调米粉时还要注意米粉和水的比例，避免宝宝大便干燥。适当喂哺蔬菜泥及果泥等富含纤维素的食物，也可防止便秘。

★如何给早产儿添加辅食

添加辅食的方法也会影响到宝宝的吸收和营养，所以不可不加注意。早产儿为了加快生长发育，需要的营养物质较多，但胃肠道相对发育不成熟，添加辅食相对较为困难，所以，只有根据早产儿的生理特点添加辅食，才能保证做到合理。

1.添加辅食开始的时间

应根据宝宝的营养需要、生理发育特点和母乳摄入量来确定什么时候开始添加。过早或较晚添加辅食对婴儿的生长发育均不利。正常足月生产的宝宝一般在满4～6个月后，可以开始添加辅食。早产儿达到4～6个月的"矫正月龄"时，其体内的器官功能成熟度与正常的4~6个月的宝宝大致相同。早产2个月的宝宝，要在生后6至8个月才可以开始加辅食。早产儿到了矫正月龄，但母乳仍然较多，能满足宝宝需要的，还有些早产儿有并发症，胃肠道功能发育尚不完全成熟的，添加辅食的开始时间可延长到6个月。虽然添加辅食可以补充一些母乳外的能量和营养素，但过早（4个月前）添加辅食，可以导致母乳摄入量降低，反而使能量和营养素摄入减少，甚至会导致过早断奶，这是不利于宝宝生长发育的。过晚添加辅食（6个月后）不仅会影响宝宝的体格发育，还会影响婴儿味觉的形成。尤其是当没有足够的母乳满足宝宝需要时，不及时添加辅食，容易导致婴儿营养不良、发育障碍。

2.添加辅食原则

任何时候开始添加辅食都应该从稀到干、由少到多、由细到粗，可从谷类开始，然后加蛋黄、蔬菜、水果，最后加肉类。

3.添加辅食的种类

它与早产儿生长发育也有密切关系，不论母乳喂养与否，宝宝要成长仍需要多种辅食。婴儿期的辅食中，应该增加足够的蔬菜水果、动物性食物、奶类食物，这样才可降低早产儿的生长发育迟缓率。辅食的多样化有利于婴儿的生长发育及健康，但是多样化的食物，不仅要逐渐增加，还要合理搭配。

4.辅食的质量

表现在食物中脂肪、蛋白质和营养素的密度。处于生长发育旺盛期的婴儿，所需能量相对比成人高。辅食中的脂肪为婴儿提供必需的脂肪酸、能量和脂溶性维生素，从而能提高总能量摄入量，还可以改善食物的口感。但是，过多摄入脂肪可能会增加儿童将来患高脂血症和心血管疾病的危险性。蛋白质和微量营养素对预防婴儿生长发育迟缓有重要作用，补充富含蛋白质食物的同时也要注意给宝宝补充含有大量其他营养素的食物，如含铁、锌、铜、钙以及维生素A、核黄素和维生素B_{12}等被称为"容易缺乏的营养素"类食物。辅食营养素的密度可直接影响宝宝的体内微量营养素状况，营养素密度低可引起婴儿微量营养素缺乏性疾病，所以辅食质量应满足婴儿机体对"容易缺乏的营养素"的需要。医学实践表明，婴儿从辅食中获取足量的容易缺乏的营养素，如多吃富含铁、锌、钙等的食物，可显著改善婴儿的营养状况。

5.添加辅食的频率和次数

这也会直接影响婴儿总能量和营养素的摄入，与早产儿在宝宝期生长发育迟缓有密切关系。早产儿也可以在添加辅食的过程中追赶正常儿童的生长。世界卫生组织认为，足月儿适宜的辅食添加的频率为：6～8月龄，每日添加2～3次；9～11月龄，每日添加3～4次；12～23月龄，每日添加3～4次；对月龄较大的婴儿每天增加1～2次营养餐（如一小片水果、面包、薄煎饼或坚果糊等）。早产儿添加辅食的次数可以参照上述标准，但早产儿薄弱的胃肠功能也可能对某些辅食不能耐受，所以辅食添加的次数和种类也应因人而异。添加辅食后，如宝宝有腹胀、腹泻、呕吐症状，应减少辅食添加的量和次数，或更换种类。

预防宝宝缺铁

★宝宝为什么容易缺铁

缺铁性贫血是常见的全球性营养问题之一，婴儿、生育期女性是缺铁性贫血的高危人群。婴儿在出生的第一年体重增长非常迅速，身体对铁的需要量超过成人。妈妈在怀孕时将自己体内的铁通过胎盘给了胎儿，足月生产的宝宝在出生时身体里有较多的铁，可以在出生后的4～6个月内满足身体快速生长的需要。6个月以后，宝宝从妈妈那里得来的铁就不够用了，此时就必须从食物中吸收铁，但这个时期的宝宝饮食仍以奶类为主，母乳所含的铁已不能够满足宝宝的需要，添加其他含铁的食品是为宝宝提供铁的最好方法。

6个月以上的宝宝如不及时地、循序渐进地添加辅食很容易缺铁。另外，早产儿或低出生体重儿（出生时体重低于正常标准）出生时身体里的铁相对较少，很多宝宝患不同程度的缺铁性贫血。哺乳妈妈偏食、饮食习惯不良或饮食含铁量太少也是造成宝宝缺铁的主要原因。

★ 如何判断宝宝是否缺铁

大多数缺铁的宝宝发病缓慢，易被家长忽视，等到医院就诊时多数病儿已发展为中度缺铁性贫血。因此，家长一定要注意观察婴儿早期贫血的表现，并定期带宝宝进行体检，以便早期发现、早期治疗。临床病例证实，医生检查出异常之前宝宝即可出现烦躁不安、对周围环境不感兴趣等表现，有的宝宝可有食欲减低、体重不增、皮肤黏膜变得苍白等表现。如果发现宝宝出现了以上异常的精神或行为表现，建议带宝宝到医院去做一下红细胞和血红蛋白的检查，看看各项指标是否正常，以明确宝宝是否存在缺铁性贫血。

★ 加喂蛋黄预防贫血

鸡蛋黄含有宝宝生长发育需要的很多营养素，尤其富含铁质，且比较容易消化吸收，对预防宝宝贫血十分有效。喂蛋黄后要注意观察宝宝的大便情况，如有腹泻、消化不良就先暂停，调整后再慢慢添加。如大便正常就可逐渐加量。记住不要喂鸡蛋清，因为宝宝的消化和免疫功能都较差，如果此时就吃蛋清易发生过敏而出现皮疹。

Tips 添加蛋黄的方法

第一次可以给宝宝喂1/6 ~ 1/4个蛋黄，喂完后要注意观察宝宝大便情况，如有腹泻、消化不良就先暂停，调整后再慢慢添加；如大便正常就可逐渐加量，可喂1/2个蛋黄，约3 ~ 4周就可以每日喂1个。

如何避免宝宝过敏

因为婴儿的肠道功能发育尚不完善，免疫机制不成熟，消化蛋白质大分子的能力较差，并容易引起食物过敏。

6个月的宝宝在熟悉了蔬菜和水果等食物以后，再逐渐添加肉、鱼、蛋类等动物性食物，就不易引起过敏反应了。

有食物过敏家族史的宝宝，应推迟添加固体食物的时间，例如：牛奶、蛋白、小麦和大豆，最好在宝宝1岁以后再开始添加。

当你给宝宝添加一种新的食物时，仔细观察有无红疹、胃部不适或者呼吸困难。如果宝宝出现这些症状，请迅速与儿科医生联系。

米汤、米糊类辅食
制作方法

大米汤

 食材 大米适量

做法

1. 用清水把大米洗净。
2. 放入锅中，加适量水。
3. 大火煮滚，转小火熬煮至汤汁微白。
4. 凉温后，过滤出汤汁。

 营养分析

　　大米的主要营养成分包括蛋白质、碳水化合物、脂类以及B族维生素，是我们食用的主要谷类。值得注意的是，对于谷类食物，烹调过程可使一些营养素损失。如大米淘洗过程中，维生素B_1可损失30%~60%，维生素B_2和烟酸可损失20%~25%。淘洗次数越多、浸泡时间越长、水温越高，损失越多。

小·米汤

 小米适量

做法

1. 用清水把小米洗净。
2. 放入锅中，加适量水。
3. 大火煮滚，转小火熬煮至汤汁微黄。
4. 凉温后，过滤出汤汁。

　　小米具有极高的营养价值，富含磷、镁、钾。小米中含有的B族维生素可促进消化液分泌，维持和促进肠道蠕动，有利于排便，预防口角生疮。另外，中医认为，小米还有健脾和胃的功效。

菠菜米汤

 米汤30毫升，菠菜汁30毫升

1. 米汤和菠菜汁加热，混合均匀。
2. 凉温即可。

　　菠菜有"营养模范生"之称，它富含类胡萝卜素、维生素C、维生素K、矿物质（钙质、铁质等）等多种营养素。

　　菠菜应先用开水烫一下再做成汁，以去除其中的植酸、草酸等成分。菠菜汁的制作方法见P51。

苹果米汤

 米汤30毫升，苹果汁30毫升

1. 米汤和苹果汁加热，混合均匀（苹果汁的制作方法见P43）。
2. 凉温即可。

　　苹果的营养成分可溶性好，易被人体吸收。苹果富含维生素C，还有铜、碘、锰、锌、钾等元素，人体如缺乏这些元素，皮肤就会干燥、易裂、奇痒。

红枣米汤

 米汤30毫升，干红枣5枚

1. 红枣洗净、泡软，掰开后加水煮
   10分钟左右，取汁。
2. 米汤和红枣汁加热，混合均匀。
3. 凉温即可。

　　枣味甜，含有丰富的维生素C
和维生素P。另外，中医认为，枣
有养胃、健脾、益血、滋补、强身
之效。

 如何挑选优质大枣

　　1.优质大枣整体饱满，裂纹的
地方也比较少。
　　2.要挑选个头稍大的枣，小枣
果肉少。
　　3.好的大枣味道甘甜。
　　4.颜色要深红、光亮。

果菜汁类辅食
制作方法

苹果汁

（食）（材） 苹果1/2个

（做）（法）

1. 苹果洗净，削皮，取1/2果肉。
2. 用研磨器将苹果磨成泥。
3. 用网筛滤出苹果汁。
4. 加2倍于果汁的温开水，混合均匀。

Tips 怎样才能买到好吃的苹果

    1.挑选苹果要注意看看有没有虫眼，或者腐烂的小口。另外，苹果并非越红越甜，要挑选有一丝丝条纹的，条纹越多越好吃。

    2.苹果蒂如果是浅绿色，表示苹果摘下来的时间不长，比较新鲜。苹果蒂是枯黄或者黑色的，表明已经摘下来很久。

    3.苹果有天然的果香味，如果闻不到，最好不要买。

番茄汁

 番茄1/4个

番茄含的"番茄红素"有抑制细菌的作用。番茄含有苹果酸、柠檬酸、糖类、胡萝卜素、维生素C、B族维生素，还有钙、磷、钾、镁、铁、锌、铜和碘等多种元素，以及蛋白质、有机酸、纤维素等，对宝宝的成长发育有益。

做法

1. 番茄洗净，放入滚水中稍烫，取出去皮。
2. 取1/4果肉，用研磨器磨成泥。
3. 用网筛滤出番茄汁。
4. 加2倍于果汁的温开水，混合均匀。

橙汁

食材 橙子1/2个

做法

1. 橙子洗净，对半切开。
2. 用榨汁器榨出橙汁。
3. 加2倍于果汁的温开水，混合均匀。

营养分析

　　橙子中维生素C含量丰富，能增加机体抵抗力，增强毛细血管的弹性。橙子所含纤维素和果胶物质，可促进肠道蠕动，有利于清肠通便，排出体内有害物质。

Tips 怎样才能买到好吃的橙子

　　买橙子时要挑选颜色较深，橙子皮光滑且软硬度适中的；闻起来要比较香甜；新鲜橙子水分充足，因此会比较沉。另外，橙子不要多买多存，现买的橙子比较新鲜，营养不会流失。

草莓汁

 食材 草莓2~3个

做法

1. 草莓去蒂，放入清水里浸泡3~5分钟，然后用流水冲洗干净。
2. 将草莓用磨泥器磨成泥。
3. 用网筛滤出草莓汁。
4. 加2倍于果汁的温开水，混合均匀。

 营养分析

　　草莓中维生素C的含量相当丰富，为47毫克/100克，是水果中的佼佼者。同时，草莓还含有其他多种维生素、果胶、有机酸和微量元素等。草莓无法削皮食用，需要仔细清洗。先用清水浸泡，然后用流水冲洗。

葡萄汁

 食材　葡萄10颗

做法

1. 葡萄洗净，去皮、去子，备用。
2. 用汤匙压挤出葡萄汁。
3. 加2倍于果汁的温开水，混合均匀。

营养分析

　　葡萄中含有钙、钾、磷、铁、葡萄糖、果糖、蛋白质、酒石酸以及维生素B_1、维生素B_2、维生素B_6、维生素C、维生素P等多种维生素，还含有多种人体所需的氨基酸。葡萄中的多量果酸有助于消化。中医认为，适当吃些葡萄，能健脾和胃。

小白菜汁

 小白菜2~3棵

1. 小白菜切除根部，剥开，洗净，切成小段。
2. 清水煮沸后放入小白菜段，煮2分钟左右关火。
3. 用网筛滤出小白菜汁。

小白菜是含矿物质和维生素最丰富的蔬菜之一。与大白菜相比，小白菜的含钙量是其2倍，维生素C含量约为3倍，胡萝卜素含量高达74倍。它富含维生素B_1、维生素B_6、泛酸等。

菠菜汁

 菠菜2～3棵

做法

1. 菠菜切除根部，洗净，切成小段。
2. 清水煮沸后放入菠菜段，略焯一下，捞出菠菜段，将水倒掉。

3. 锅中再次倒入清水，煮沸后放入焯过的菠菜段，煮2分钟左右关火。
4. 用网筛滤出菠菜汁。

妈妈可以根据季节的变换选择不同品种的应季蔬菜，给宝宝制作不同的蔬菜汁。

胡萝卜汁

 胡萝卜1/2根

1. 胡萝卜洗净、去皮、切片。
2. 将胡萝卜片放入开水中煮10分钟，捞出胡萝卜片，取汁凉温即可。

　　据测定，胡萝卜中所含的胡萝卜素比白萝卜及其他各种蔬菜高出30～40倍。胡萝卜素进入人体后，能在一系列酶的作用下，转化为丰富的维生素A，然后被身体吸收利用，这样就弥补了维生素A的不足。

白萝卜汁

 食材 白萝卜1/4个

做法

1. 白萝卜洗净、去皮、切片。
2. 将白萝卜片放入适量开水中煮10分钟，捞出白萝卜片，取汁凉温即可。

营养分析

　　白萝卜富含维生素C和微量元素锌，有助于增强机体的免疫功能。另外，中医认为，萝卜味甘、辛、性凉，入肝、胃、肺、大肠经，具有清热生津、凉血止血、下气宽中、消食化滞、开胃健脾、顺气化痰的功效。

泥糊类辅食制作方法

大米糊

 白粥1大匙，米汤1大匙

1. 将过滤后的白粥放入研磨钵。
2. 用研磨钵磨成泥，兑入适量米汤即可。

有些家长为了省事，会把粥放到料理机里打碎成米糊。这里不建议家长这么做。因为料理机有些部位不容易清洗，万一消毒工作做得不到位，很容易危害到宝宝的健康。

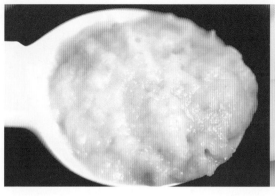

豌豆米糊

 豌豆1/2大匙，米糊1/2大匙

1. 将豌豆煮熟，放在滤网上，用汤匙压碎。
2. 过滤出豌豆泥备用。
3. 将豌豆泥凉温后，和米糊一起拌匀。

（营）（养）（分）（析）

　　豌豆中富含粗纤维，能促进大肠蠕动，保持大便通畅，起到清洁大肠的作用，很适合便秘的宝宝食用。

胡萝卜米粉

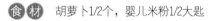

 胡萝卜1/2个，婴儿米粉1/2大匙

（做）（法）

1. 胡萝卜洗净，去皮，切成小块。
2. 胡萝卜块煮熟，捞出沥干水，用研磨器磨成泥。
3. 取1/2匙米粉，加适量温开水拌匀。
4. 加入1小匙胡萝卜泥，拌匀。

　　有些家长觉得做米糊比较麻烦，可以用市售的婴儿米粉替代米糊。

蛋黄泥

 鸡蛋1个

1. 鸡蛋洗净，煮熟，放入冷水中。
2. 剥去蛋壳，取出蛋黄备用。
3. 用汤匙将蛋黄压成泥状，加入少量温开水或奶调匀即可。

鸡蛋的蛋白质集中在蛋清，其余营养物质集中在蛋黄。蛋黄富含蛋白质、脂溶性维生素、单不饱和脂肪酸、磷、铁等微量元素。

蛋黄的添加方法

第一次可以给宝宝喂1/6～1/4个蛋黄，喂完后要注意观察宝宝大便情况，如有腹泻、消化不良就先暂停，调整后再慢慢添加；如大便正常就可逐渐加量，可喂1/2个蛋黄，3～4周就可以每日喂1个蛋黄。记住不要喂蛋清，因为此时宝宝的消化和免疫功能都没有发育完善，如果此时吃蛋清容易发生过敏。

香蕉泥

 香蕉1/2根

做法

1. 香蕉去皮，放入碗中。
2. 用汤匙压成泥状。

香蕉属高热量水果，据分析，每100克果肉的热能达91卡路里。香蕉富含碳水化合物等营养素，还含有钙、铁、磷等矿物质，它含有的维生素A能增强人体对疾病的抵抗力。中医认为，香蕉味甘、性寒，具有清热、润肺、滑肠等功效。

胡萝卜泥

 胡萝卜1/2根

1. 胡萝卜洗净、去皮、切片。
2. 蒸或煮烂，用汤匙压成泥。

取板栗大小的量，用小勺喂宝宝吃。也可以用母乳或配方奶调和，然后用小勺喂宝宝。

第四章

7～9个月，
宝宝吃什么

7~9个月宝宝的营养需求

这个月宝宝开始学习爬行了，活动量日益增大，热量需要明显增加。宝宝能消化的食物种类日益增多，辅食的添加品种可以多一些了，但乳类及乳制品仍是宝宝此阶段主要的营养来源。谷物中钙与磷的比例不合适，要重视钙剂的适量补充。应鼓励宝宝自己动手吃，学吃是一个必经的过程。宝宝的食物不可太碎，教他学习咀嚼有利于语言的发育、吞咽功能的训练和舌头灵活性及搅拌功能的完善。

6~12个月的宝宝应选择蛋白质含量较高的宝宝配方奶粉Ⅱ段。6个月以后，宝宝自母体中带来的先天免疫力会逐渐消失，提高宝宝自身的免疫力刻不容缓。选择配方奶粉时要注意补充β–胡萝卜素，增强宝宝对疾病的抵抗力。

以辅食为主的早、中、晚餐

从9个月起，母乳开始减少，有些妈妈奶量虽没有减少，但质量已经下降，所以喂奶次数可以逐渐从3次减到2次，也可以增加1次配方奶，而辅食要逐渐增加，早、中、晚餐可以辅食为主，为断奶做好准备。宝宝一天的食物中仍应包括谷薯类、肉、禽、蛋、豆类、蔬菜、水果类和奶类，营养搭配要适当。宝宝从8个月起，消化蛋白质的胃液已经充分发挥作用了，9个月时宝宝可多吃一些蛋白质食物。宝宝吃的肉末必须是新鲜瘦肉，可剁碎后加少量调味品蒸烂吃。增加一些土豆、白薯类含糖较多的根茎类食物，还应增加一些粗纤维的食物，但应把粗的、老的部分去掉。9个月的宝宝已经长牙，有咀嚼能力，可以让他啃硬一点的食物。尽量使宝宝从一日三餐的辅助食物中摄取所需营养的2/3，其他用配方奶补充。

应该注意，增加辅食时应每次只增加一种，当宝宝已经适应了，并且没有什么不良反应时，再增加另外一种。尽管宝宝的饮食品种已与普通饮食近似，但仍要注意以细、软为主，调味尽量淡，色泽和形状上尽可能多样化，以引起宝宝的食欲。

养成良好的吃饭习惯

9个月的宝宝能够坐得很稳，而且大多数可以独坐了。因此让宝宝坐在有东西支撑的地方喂饭是件容易的事，也可用宝宝专用的前面有托盘的餐椅。总之，宝宝每次吃饭的地方要固定，让宝宝明白，坐在这个地方就是为了吃饭。宝宝一到吃饭的时候，就坐在自己的饭桌前，高兴地等待香甜的饭菜，久而久之，坐在一处吃饭的良好习惯就养成了。

9个月的宝宝总想自己动手，因此可以手把手地训练宝宝自己吃饭。家长要与宝宝共持勺，先让宝宝拿着勺，然后家长帮助把饭放在勺子上，让宝宝自己把饭送入口中，但更多的是由父母帮助把饭喂入口中。每顿饭不应花太多的时间，因为宝宝在饿时胃口特别好，所以刚开始吃饭时要专心致志，养成良好的吃饭习惯。

不要错过宝宝味觉发育敏感期

对于宝宝来说，凡是没有吃过的食物都是新鲜的、好奇的，他们并不会天生就有什么成见。宝宝的味觉、嗅觉在6个月到1岁这一阶段最灵敏，此阶段是添加辅食的最佳时机。宝宝通过品尝各种食物，可促进对很多食物味觉、嗅觉及口感的形成和发育，也是宝宝从流食—半流食—固体食物的适应过程。经过这一阶段，在1岁左右时，宝宝已经能够接受多种口味及口感的食物，顺利断奶。在给宝宝添加辅食的过程中，如果家长一看到宝宝不愿吃或稍有不适就马上心疼地停下来，不再让宝宝吃，这样便使宝宝错过了味觉、嗅觉及口感的最佳形成和发育机会，不仅造成断奶困难，而且容易导致日后挑食或厌食。

辅食多样化

人类的食物有成千上万种，但就其主要成分而论，为蛋白质、脂肪、碳水化合物、维生素、矿物质和水6种，这是维持人类生存繁衍的六大营养物质。每种营养素各有不同的功用，每一种食物都是由各种营养素组成的。由于各种食物含的营养素并不相同，所以每种食物的营养价值也不相同，例如大米含淀粉多，它的主要营养功能是供给热量。由于任何一种天然食物都不能提供宝宝所需的全部营养素，因此，吃大米饭的同时，还要吃其他的食物，如菜、肉、蛋、盐、油等，即要吃混合膳食。只有多种食物组成的

混合膳食，才能满足宝宝各种营养素的需要，达到合理营养、促进健康的目的。

多样化食物包括四大类食品：谷类和薯类；肉、鱼、禽、蛋、大豆类；奶及奶制品；蔬菜和水果类。在每天每餐膳食中最好都包括以上四类食品，同一类食物的品种轮流选用，注意多样化，各种食物都要吃，还要把几种不同功用的食物搭配得当、制作适宜。其中要注意动植物食品搭配，荤素菜搭配，粗细粮搭配，干稀搭配，生熟搭配，以及注意食物的色、香、味。

要根据宝宝的年龄大小选择食物，例如随着消化能力的增强，8个月的宝宝除大米粥及烂面条以外，还可加些玉米面或小米等杂粮制作的粥；烤馒头片、饼干及面包片为

乳牙的萌出和口腔的成熟提供重要的发展机会；肉类食品（鱼泥、肝泥、鸡肉馅、猪肉末以及质量好的肉松）均可拌入饭中给宝宝喂食。宝宝每天还应吃一个蛋黄及适量的水果泥、菜汤、果汁。

添加新的食品和增加食物的数量很值得注意，每当添加一种新食品时，应当诱导宝宝爱上它。随着食品种类的增多，用量的增大，多样化食物将会给宝宝提供机体所需的营养素和能量，满足其生长和发育的需要。

7～9个月可以添加的辅食

7～9个月的宝宝舌头能够前后、上下运动，可以用舌头把不太硬的颗粒状食物捣碎。此时的食物仍然是以母乳为主、配以辅食。每天的喂奶次数可以减少1～2次，而添加辅食的次数则可以增加1～2次。辅食的种类也更丰富，新添加了烂面条、面包、馒头、豆腐、肝、鱼、虾和全蛋。辅食的性状也发生了变化，从汤粥糊类发展为稠面条、面包、馒头，从菜泥、肉泥变成了菜末、肉末。由于肉末比蛋黄泥、肝泥和鱼泥更不易被宝宝消化，所以最好到宝宝8～10个月后再喂。

7～9个月的宝宝肠道上皮发育尚未完全成熟，故此阶段宝宝吃鸡蛋时可以不吃蛋清，以防引起过敏性皮肤疾患。若宝宝已经

添加了鸡蛋清，又无引起不适，可以继续吃。这以后要添加的是米糊、软面条、米饭等，以便宝宝逐渐过渡到辅食为主食，1周岁后与成人一样吃饭。

这个阶段，宝宝见到食物会很兴奋，会有伸手抓东西的欲望。可以给宝宝准备一些手指状的食物（如小饼干等），让宝宝拿着吃。

★添加肉末

取一小块猪里脊肉或牛肉、鸡肉，用刀在案板上剁碎成泥后放入碗里，入蒸锅蒸至熟透即可。也可以从炖熟的鸡肉或猪肉中取一小块，放在案板上切碎。将蒸熟的肉末或切碎的熟肉末放入米中煮成肉粥，或将熟肉末加入已煮好的米粥中，用小勺喂宝宝。

开始喂肉末时妈妈要仔细观察，注意宝宝的大便和食欲情况，看有无不消化或积食现象，有积食可先暂停喂食肉末。

★添加含蛋白质多的食物

蛋白质是构成人体的重要物质，身体中各种组织——肌肉、骨骼、皮肤、神经等都含有蛋白质。生长的物质基础是蛋白质，因此，要多给宝宝添加含蛋白质丰富的食品。

含蛋白质多的食物包括：动物的奶，如牛奶、羊奶、马奶等；畜肉，如牛、羊、猪肉等；禽肉，如鸡、鸭、鹅、鹌鹑肉等；蛋类，如鸡蛋、鸭蛋、鹌鹑蛋等；水产类，如鱼、虾、蟹等；还有大豆类，如黄豆、大青豆和黑豆等，其中以黄豆的营养价值最高，

它是婴儿食品中优质的蛋白质来源。此外像芝麻、瓜子、核桃、杏仁、松子等干果类的蛋白质含量均较高。给宝宝添加辅食时，以上食品都是可供选择的。还可以根据当地的特产，因地制宜地为宝宝提供蛋白质高的食物。

★添加固体食物

宝宝从出生到第5个月，由于无牙齿，消化能力弱，仅能靠吸吮吃流食。宝宝到第6个月时，口腔唾液淀粉酶的分泌功能日趋完善，神经系统和肌肉控制等发育已较为成熟，而且舌头的排解反应消失，可以掌握吞咽动作，表示这个月龄的宝宝消化能力又比以前强了。

6~7个月的宝宝，大部分长有2颗牙，咀嚼能力提高了，可以吃一些固体食物。此时宝宝的手已经可以抓住食物自己往嘴里塞，虽然掉的食物比吃进嘴里的要多，但是，这也表明宝宝可以享用面包、饼干等固体食物了，这时正是给宝宝吃条形饼干、条形面包或馒头干的时机。唾液能将固体食物泡软而利于宝宝下咽。

在乳牙萌出逐渐增多时，要逐渐增加固体辅助食品，这可以训练宝宝的咀嚼动作、咀嚼能力，并且可以通过咀嚼刺激唾液分泌，促进牙齿的生长。宝宝从吸吮乳汁到用碗、勺吃半流质食物，直到咀嚼固体食物，食物的质和饮食行为都在变化，这对宝宝提高食欲是大有益处的，同时对宝宝掌握吃的本领也

是个学习和适应的过程。家长需要逐一加以训练，使宝宝养成吃固体食物的习惯。

★增加含铁量高的食物

宝宝体内储存的铁只能满足出生后4个月以内生长发育的需要，而4～6个月的宝宝体重和身高仍在迅猛增长，血容量增加很快。这个时期宝宝活动量增加，对营养素的需求也相对增加，尤其是铁的需要量也相对增加，如不能及时供应足量的铁，就会发生缺铁性贫血。铁是制造血色素的原料，由于宝宝是以含铁量较低的乳类食品为主，如不能及时添加含铁高的辅助食品，宝宝将摄取不到充足的铁质，造成体内缺铁。7～9个月的宝宝，免疫功能尚未发育成熟，抵抗力差，容易引发感染，特别是消化系统感染，引起腹泻、呕吐，会影响铁和其他营养成分的吸收，也会导致体内铁量不足。因此，这个阶段的宝宝，随着消化能力的逐渐增强、乳牙的萌出，应继续增加含铁丰富的辅食，以补充机体内所需的铁，预防缺铁性贫血的发生。

含铁较丰富的食物有动物性食物和植物性食物两大类。动物性食物中的铁易于吸收，如动物血（猪血、鸡血）、猪肝、羊肝、牛肉等不仅含铁量高，而且吸收率可高达20％以上，家长应给宝宝补充动物血、肝泥、鱼泥、蛋黄等食物，每周2～3次。植物性食物中的绿叶蔬菜、豆类和有色水果含铁都较多，但吸收率低，只能吸收含铁量的

1％左右。而水果和蔬菜中含有丰富的维生素C，维生素C有助于铁的吸收，因此，家长也应给宝宝补充含铁量较高的蔬菜和水果。

对由于各种原因未能按时添加辅食的宝宝，或添加辅食较少的宝宝，家长应注意给宝宝补充经国家卫生部认可的铁强化食品，以满足宝宝对铁的需要。

★晚上睡前可加1次米粉

6个月后可在宝宝晚上入睡前，喂小半碗稀一些的掺奶的米粉糊，或掺半个蛋黄的米粉糊，这样可使宝宝一整个晚上不再因饥饿醒来，尿也会适当减少，有助于母子休息安睡。但开始喂米粉糊时要注意观察宝宝是否有较长时间不思母乳的现象，如果有，可适当减少米粉糊的喂量或稠度，不要因此影响了母乳的摄入。

学习吃的本领

★让宝宝练习咀嚼

出生后6～12个月要让宝宝学会咀嚼，接受固体食物，这样才有利于宝宝的成长。让宝宝练习咀嚼可使其牙龈得到锻炼，利于乳牙萌出。1岁前未学会咀嚼固体食物的宝宝牙龈发育不良，咀嚼能力不足，未养成吃固体食物的习惯，就会拒绝吃干的东西。如果所有淀粉类都弄成糊吃，不经咀嚼便咽下，

一来未经口腔唾液淀粉酶的消化，二来半固体食物占去胃的容量，会使奶类的摄入量减少，不利于宝宝生长发育。

给宝宝1个手指饼干，妈妈自己也拿1个，用牙咬去一点儿，慢慢咀嚼。妈妈的动作会引起宝宝模仿，宝宝也会咬一小口，学着用牙龈去咀嚼。宝宝即使未萌出乳牙，或只有下面两颗小门牙，但他的牙龈有咀嚼能力，能将饼干嚼碎咽下。有些宝宝虽不会咀嚼，咬下饼干后会用唾液浸泡软后直接咽下。有时由于浸泡不均，部分未泡软的饼干会引起呛噎，妈妈要时刻关注宝宝的举动。妈妈可多次示范，用夸张的咀嚼动作引起宝宝的兴趣，使宝宝学会咀嚼。

★学习捧杯喝水

让宝宝练习用杯子喝水，提高自理能力，为将来用杯子喝奶打基础。用高的纸杯或有2个把手的杯，杯底放少许凉开水，由大人托着杯底，让宝宝双手捧着杯的两侧练习喝水。

★让宝宝学会拿勺子

9个月的宝宝喜欢伸手去抓勺子，平时喂辅食时可以让宝宝自己拿一个勺子，让他随便在碗中搅动，有时宝宝能将食物盛入勺中并送入嘴里。要鼓励宝宝自己动手吃东西，自己用手把食物拿稳，为拿勺子自己吃饭做准备。宝宝从8个月起学拿勺子，到1周岁时可以自己拿勺子吃几勺饭，1岁3个月~1岁半时就能完全独立吃饭了。

泥糊类辅食
制作方法

★肝泥、鱼泥和虾泥的制作要领

选质地细致、肉多刺少的鱼类，如鲫鱼、鲤鱼、鲳鱼等。先将鱼洗净煮熟，去鱼皮，并取鱼刺少肉多的部分，去掉鱼刺，将去皮去刺的鱼肉放入碗里用勺捣碎，再将鱼肉放入粥中或米糊中，即可喂宝宝。一般开始时可先每日喂1/4勺试试。

由于鱼泥比蛋黄泥和肝泥更不易被宝宝消化，所以最好等宝宝7个月以后再考虑喂食，过早或过多喂宝宝鱼泥会导致消化不良和积食。

葡萄汁米糊

 葡萄10颗，米糊2匙

做法

1. 葡萄洗净，去除果皮和子。
2. 用研磨器将葡萄磨成泥，过滤出葡萄汁。
3. 将葡萄汁和米糊拌匀即可。

苹果汁麦糊

 苹果1/4个，婴儿麦粉2匙

做法

1. 苹果洗净，去皮、去子。
2. 用研磨器将苹果磨成泥，过滤出苹果汁备用。
3. 将苹果汁与婴儿麦粉拌匀即可。

香蕉米糊

 香蕉1/2根，米糊2匙

1. 香蕉去皮，放入碗中。
2. 用汤匙压成泥状。
3. 将香蕉泥与米糊放入碗中，兑少量温水，拌匀即可。

香蕉表皮出现黑点表明香蕉已完全成熟，此时口感和风味最好。但当果肉也出现发黑、腐烂等现象时则不建议食用。

猕猴桃泥

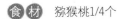

 猕猴桃1/4个

做法

1. 猕猴桃洗净，去皮。
2. 取1/4个，用研磨器磨成泥状即可。

　　猕猴桃含有丰富的维生素、葡萄酸、果糖、柠檬酸、苹果酸和脂肪。它富含的维生素C可强化免疫系统，促进伤口愈合和对铁质的吸收；所富含的肌醇及氨基酸，可补充脑力所消耗的营养。

鸡肝泥

 鸡肝1块

1. 鸡肝用流水冲洗片刻，再在冷水中浸泡30分钟。
2. 取出鸡肝，再次用流水冲洗，然后放入锅中煮熟后捞起。
3. 将熟鸡肝用研钵捣成泥状。
4. 加入适量温水，调匀后即可。

肝脏是动物体内储存养料和解毒的重要器官，含有丰富的营养物质，具有营养保健功能，是最理想的补血佳品之一。

健康的动物肝脏外表光滑、有光泽，没有污点。用手摸起来没有结节，质软且嫩。

豌豆泥

食材 鲜豌豆50克

做法

1. 鲜豌豆洗净，放入开水中煮至熟。
2. 捞出熟豌豆，沥干水，放入研钵中捣成泥状。
3. 用筛网滤出豌豆泥即可。

Tips

　　豌豆中富含粗纤维，能促进大肠蠕动，保持大便通畅。

土豆泥

 土豆1/2个

1. 土豆洗净，连皮放入水中，煮至熟后取出。
2. 将煮好的土豆剥除外皮，切成小块，用汤匙压成泥即可。

　　土豆可以作为蔬菜制作菜肴，亦可作为主食。土豆的蛋白质含量比一般主食高，而且非常接近动物蛋白。土豆也是所有粮食作物中维生素含量最全的，其B族维生素含量是苹果的4倍，维生素C含量是苹果的10倍，各种矿物质含量是苹果的几倍到几十倍。土豆还有神奇的药用价值，常吃土豆可以促进胃肠蠕动。

菠菜泥

 菠菜2棵

做法

1. 菠菜洗净，切成小段。
2. 放入沸水中煮约1分钟，捞出沥干水。
3. 煮好的菠菜段和适量水放入搅拌机，搅打成泥状即可。也可用刀剁成泥状。

豆腐泥

 豆腐1/2块

做法

1. 豆腐煮至熟后，捞出。
2. 煮好的豆腐沥干水，放入碗中，用汤匙压成泥状。

营养分析

　　豆腐里的蛋白质含量使之成为谷物很好的补充食品。豆腐脂肪的78%是不饱和脂肪酸，并且不含有胆固醇，素有"植物肉"之美称。豆腐的消化吸收率达95%以上。另外，豆腐还富含钙，可以作为钙的补充来源。

南瓜泥

 南瓜100克

做法

1. 南瓜去皮、去子，切成块状。
2. 将南瓜块用中小火煮软后捞起。
3. 用汤匙压成泥状即可。

南瓜含有淀粉、蛋白质、胡萝卜素、B族维生素、维生素C和钙、磷等成分，营养丰富。南瓜含有丰富的锌，参与人体核酸、蛋白质合成，是肾上腺皮质激素的固有成分，为人体生长发育的重要物质。

蛋羹类辅食制作方法

鸡蛋羹

做法

1. 鸡蛋放入容器中，滤出蛋清，打散，搅拌均匀。

2. 加入适量凉开水，用中大火蒸约10分钟即可。

食材　鸡蛋1个

肉末蛋羹

 食材 鸡蛋1个，瘦猪肉50克

做法

1. 将瘦猪肉切成小粒，炒熟。
2. 将肉末加入蛋黄和少许凉开水，搅拌均匀。
3. 用中大火蒸约10分钟即可。

Tips

蒸蛋羹时，给碗加个盖，可以使蛋液受热均匀，避免表面出现蜂窝状。

菜末·蛋羹

 法

1. 菠菜洗净，切碎。
2. 将菠菜碎、蛋黄和少许凉开水放在一起，搅拌均匀。
3. 用中大火蒸约10分钟即可。

食 材 鸡蛋1个，菠菜1棵（其他应季蔬菜均可）

肝粒蛋羹

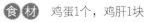 鸡蛋1个，鸡肝1块

1. 鸡肝洗净，切成薄片，蒸熟。
2. 将熟鸡肝片切成小粒备用。
3. 将鸡肝粒加入蛋黄和少许凉开水，搅拌均匀。
4. 用中大火蒸约10分钟即可。

动物肝脏买回来之后应先用清水冲洗几分钟，然后放在水中浸泡30分钟，最后蒸熟或煮熟即可。

水果蛋羹

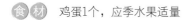

 食材 鸡蛋1个，应季水果适量

做法

1. 将水果切成小粒，备用。
2. 将水果粒、蛋黄和少许凉开水放在一起，搅拌均匀。
3. 用中大火蒸约10分钟即可。

Tips

水果蛋羹中的水果可以根据宝宝的喜好随意更换。

粥面类辅食制作方法

白　粥

 大米2大匙

1. 大米洗净，备用。
2. 加入适量水，用大火煮滚后转小火煮成粥即可。

山药粥

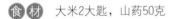

食材 大米2大匙，山药50克

做法

1. 大米洗净，备用。
2. 山药洗净、去皮，切成小块。
3. 加入适量水，用大火煮滚，转小火煮软烂即可。

营养分析

　　山药所含的能够分解淀粉的淀粉糖化酶，是萝卜中含量的3倍，胃胀时食用，有促进消化的作用，可以去除不适症状，有利于改善脾胃消化吸收功能，是一味平补脾胃的药食两用之佳品。

二米粥

 材　大米2大匙，小米1大匙

做 法

1. 两种米洗净，备用。
2. 加入适量水，用大火煮滚，转小火煮成粥即可。

小米含有多种维生素、氨基酸、脂肪和碳水化合物，营养价值较高。与大米一起煮粥，营养更全面。

绿豆粥

食材 绿豆1大匙，大米2大匙

做法

1. 大米、绿豆洗净，绿豆提前浸泡2小时备用。
2. 加入适量水，用大火煮滚，转小火煮成粥即可。

营养分析

　　绿豆中所含蛋白质、磷脂均有兴奋神经、增进食欲的功能。绿豆含丰富胰蛋白酶抑制剂，可以保护肝脏，减少蛋白分解，减少氮质血症，因而可以保护肾脏。

红薯粥

 大米2大匙，红薯50克

1. 大米洗净，备用。
2. 红薯洗净、去皮，切成小块。
3. 加入适量水，用大火煮滚，转小火煮成粥即可。

Tips

选购红薯时，要挑外表光滑的、类似纺锤形状的红薯，已经发芽且表面凹凸不平的不宜选购。若红薯表面有腐烂状的黑色小洞，或者表面有疤痕也不宜购买。

红枣小·米粥

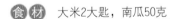

食材　小米2大匙，干红枣3～5粒

做法

1. 小米洗净，煮成粥备用。
2. 干红枣洗净后泡软，上锅蒸熟，去皮去核，磨成枣泥。
3. 将枣泥加入小米粥，搅拌均匀即可。

南瓜粥

食材　大米2大匙，南瓜50克

做法

1. 大米洗净，备用。
2. 南瓜洗净、去皮，切成小块。
3. 加入适量水，用大火煮滚，转小火煮成粥即可。

香菇鸡肉粥

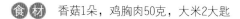

 食材　香菇1朵，鸡胸肉50克，大米2大匙

做法

1. 香菇洗净，切成小粒。大米洗净备用。
2. 鸡胸肉洗净，切成小粒，与香菇粒一起煸炒。
3. 加入大米和适量水，用大火煮滚，转小火煮成粥即可。

 营养分析

　　香菇中含有30多种酶和18种氨基酸。人体所必需的8种氨基酸中，香菇就含有7种。香菇多糖能提高辅助性T细胞的活力而增强人体的免疫功能。香菇还含有多种维生素、矿物质，对促进人体新陈代谢、提高机体适应力有很大作用。

鱼泥粥

 食 材　三文鱼50克，大米2大匙

做 法

1. 三文鱼洗净，煮熟，切碎。
2. 大米洗净，备用。
3. 加入适量水，用大火煮滚，转小火煮成粥即可。

营 养 分 析

　　三文鱼肉质紧密鲜美，油脂丰富，肉色为粉红色并具有弹性。三文鱼有较高的营养价值，蛋白质含量丰富，还含有较多DHA等特殊类型的脂肪酸，这有利于宝宝的大脑及视力发育。

猪肝蔬菜粥

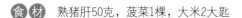

(食)(材) 熟猪肝50克，菠菜1棵，大米2大匙

(做)(法)

1. 猪肝洗净，切成薄片，蒸熟，切末。菠菜洗净，开水焯一下，切末备用。大米洗净，备用。

2. 所有食材一起入锅，加适量水，用大火煮滚，小火煮成粥即可。

玉米碎肉粥

(食)(材) 玉米糙2大匙，大米2大匙，猪肉末适量

(做)(法)

1. 玉米糙、大米洗净，备用。

2. 锅中放少量植物油，油热后放入肉末，待肉炒熟后盛出备用。

3. 加入适量水，用大火煮滚。

4. 转小火，加入所有食材，煮成粥即可。

小白菜肉松颗粒面

食材 小白菜2棵，肉松1小匙，颗粒面适量

做法

1. 小白菜洗净，切碎，备用。
2. 加入适量水，开锅后放入颗粒面。
3. 转小火煮2～3分钟，加入小白菜末、肉松，稍煮片刻即可。

菠菜牛肉面线

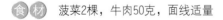

 菠菜2棵，牛肉50克，面线适量

做法

1. 菠菜洗净，用开水焯一下，切碎，备用。
2. 牛肉洗净，剁成肉末。

3. 锅中放少量植物油，油热后放入牛肉末，待肉炒熟后盛出备用。
4. 另起锅，加入适量水，开锅后放入面线。
5. 转小火稍煮片刻，加入牛肉末，煮2~3分钟，再加入菠菜末，稍煮片刻即可。

第五章

10～12个月，
宝宝的断奶餐

10~12个月宝宝的营养需求

营养素对于人体是很重要的，尤其是生长发育迅速的婴儿，更是重要。营养素是生长发育的物质基础，由于婴儿处于快速生长时期，体内各组织的生长都离不开营养素。营养素又是人体进行新陈代谢所需要的物质，由于细胞的衰老、破坏和死亡，各组织必须更新和重建。婴儿期的新陈代谢过程是人体一生中最旺盛的阶段，因此，需要更多的营养素才能完成这一过程。

世界上的食物可能有成千上万种，但就其主要营养成分而论，包括蛋白质、脂肪、

碳水化合物、维生素、矿物质和水六大类。

不同食物所含营养素不同，其中蛋白质、脂肪和碳水化合物被称为三大营养物质，它们通过消化系统的消化作用，蛋白质被分解成各种氨基酸，脂肪被分解成脂肪酸和甘油，碳水化合物被分解成葡萄糖或果糖，然后被机体吸收。其他三类即维生素、矿物质和水也是人类生存不可缺少的，均可以被直接吸收，未被吸收的食物残渣通过大便排出体外。进入血液的各种营养素，在人体这座高级化工厂里，通过体内一系列复杂的化学变化，最终将它们转化成热能和废物，使营养物质最终满足人体能量的需要和身体增长的需要。因此，父母要从宝宝对营养物质的需要出发，千方百计满足宝宝对营养素的需求。当营养素缺乏时，会影响宝宝各种组织的生长。研究表明，食物的卵磷脂参与中枢神经系统的传导功能，有利于大脑的兴奋和抑制，能提高记忆力和理解力；蛋白质是组成大脑细胞不可缺少的物质，所以当宝宝缺乏足够蛋白质和卵磷脂的食物，不仅造成体重不增，体型矮小，还能导致儿童智力低下。

为了让宝宝生长发育正常，就必须让宝宝摄入全面、平衡的营养素，不能失调。宝宝断奶后，在考虑到消化能力的前提下，膳食构成应做到数量充足、质量高、品种多、营养全。

10～12个月可以添加的辅食

10个月以后，宝宝的舌头不仅能够前后、上下运动，而且能够左右运动，可以将较大的食物用前牙咬住并推到牙床磨碎。这个阶段35%～40%的营养来自于母乳，60%～65%的营养可从其他食物中获取。辅食的种类更丰富，新添加了软饭、饺子等带馅的食物。辅食的性状也发生了变化，从菜末、肉末变成了碎菜、碎肉。

10～12个月不宜添加的食品

这个阶段的宝宝已经能吃很多食物，但下列食品最好不要喂食：

★刺激性太强的食物

酒、咖啡、浓茶、可乐等饮品不应给宝宝饮用，以免影响神经系统的正常发育。碳酸饮料等一旦喝上瘾就会一直想喝，容易造成食欲缺乏。辣椒、胡椒、大葱、大蒜、生姜、酸菜等食物，极易损害宝宝娇嫩的口腔、食道、胃黏膜，不应给宝宝食用。

★含脂肪和糖太多的食物

巧克力、麦乳精都是含热量很高的精制食品，长期多吃易致肥胖。

★不易消化的食物

章鱼、墨鱼、竹笋和牛蒡之类均不易消化，不应给宝宝食用。

★太咸、太腻的食物

咸菜、酱油煮的海虾、肥肉，煎炒、油炸食品，食后极易引起呕吐、消化不良，不宜食用。

★小粒食品

花生米、黄豆、核桃仁、瓜子极易误吸入气管，应研磨后给宝宝食用。

★带壳、有渣的食品

鱼刺、虾的硬皮、排骨的骨渣均可卡在宝宝的喉头或误入气管，必须认真检查后方可食用。

★未经卫生部门检查的自制食品

糖葫芦、棉花糖、花生糖、爆米花等，因制作不卫生，食后易造成消化道感染，对宝宝健康有害。

★易致胀气的食物

洋葱、生萝卜、白薯、豆类等易引发胀气，只宜少量食用。

变辅食为主食

近1岁的宝宝很快就可以断奶了，饮食也已固定为早、中、晚一日三餐，主要营养的摄取已由奶转为辅助食物，即宝宝的饮食已不靠母乳（或配方奶）而主要由辅助食品来替代。这个月的宝宝，乳牙已增加到6颗，咀嚼能力更强了，在喂养上应注意改变食物的形态，以适应机体的变化。稀粥可由稠粥、软饭代替，烂面条可过渡到挂面、面包和馒头。肉末不必太细，可以吃碎肉、碎菜。用作辅助食物的种类可增加，如软饭、面包、面条、通心粉、薯类；蛋、肉、鱼、肝和

豆腐、乳酪；四季蔬菜、水果，特别要多吃红、黄、绿色的；紫菜、海带、黄油、花生油、核桃等。每日三餐应变换花样，使宝宝有食欲。关于每餐的食量，要因人而异，大多数宝宝每餐可吃软饭一小碗，鸡蛋半个，蔬菜和肉末各2匙。一日三餐中总有一餐吃得多些，一餐吃得少些，这是正常现象，父母不要担心。因为10个月以后的宝宝生长发育较以前减慢，所以食欲也较以前下降，只要一日摄入的总量不明显减少，体重继续增加即可。

从开始添加辅食至第10个月时，宝宝对淀粉的消化吸收已经适应，但对鱼和肉类蛋白质还不能完全适应，吃的量少，生长发育所需的物质尤其是蛋白质还是要依靠牛奶的供应，因此，宝宝周岁前每日牛奶量应保持在500毫升～600毫升。

不要强迫宝宝进食

辅食开始全面转为主食之后，宝宝的口味需要有一个适应过程。对某些他已熟悉又口感平和的口味，如牛奶、米糊、粥、苹果、青菜等会喜欢，不熟悉的口味，如芹菜、青椒、胡萝卜等可能会因不适应而拒食。妈妈担心宝宝有些食物不吃会影响营养均衡，强行让宝宝吃不喜欢的食物，反而造

成宝宝厌食、拒食，影响其肠胃功能。有些宝宝会因此呕吐、腹泻、积食不化，影响宝宝的生长发育。所以，妈妈千万不要硬来。可以把宝宝不爱吃的东西和爱吃的东西放在一起做，不爱吃的东西少放一些，或采用剁碎了掺到肉末里或煮到粥里的办法，让宝宝一点点接受。

经常可以看到有的父母为了让宝宝多吃一口，不顾宝宝的拒绝，填鸭式地喂。这样的结果不仅会让宝宝失去对吃饭的兴趣，导致厌食，还会喂出营养过剩的肥胖儿。

膳食的合理烹调

要保证宝宝获得足够的热量和各种营养素，就要照顾到宝宝的进食和消化能力，在食物烹调上下工夫。

宝宝对周围的事物充满了好奇，并对食物的色彩和形状感兴趣，例如，一个外形做得像一只小兔子的糖包就比一个普通的糖包能引起宝宝的食欲。所以膳食制作要小巧，不论是馒头还是包子，一定要小巧。巧，就是要让宝宝感到好奇、喜欢。当食物的外形美观、花样翻新、气味诱人时，会通过视觉、嗅觉等感官传导至宝宝大脑的食物神经中枢，引起反射，从而刺激食欲，促进消化液的分泌，增加消化吸收功能。

婴儿消化系统的功能尚未发育完善，所吃食物必须做到细、软、烂。面食以发面为好，面条要软、烂，米应做成粥或软饭，肉、菜要切碎，花生、栗子、核桃、瓜子要制成泥或酱，鱼、鸡、鸭要去骨、去刺，切碎后再食用，瓜果类均应去皮、去核后喂。

烹调要讲科学。蔬菜要新鲜，做到先洗后切，急火快炒，以避免维生素C的丢失，例如蔬菜烫洗后，可使维生素C损失90%以上。蒸或焖米饭要比捞饭少损失5%的蛋白质及8.7%的维生素B_1。熬粥时放碱，会破坏食物中的水溶性维生素。油炸的食物其内含的维生素B_1及维生素B_2大量被破坏。肉汤中含有脂溶性维生素，既吃肉而又注意喝汤，才会获得肉食的各种营养素。

此外，不新鲜的瓜果，陈旧发霉的谷类，腐败变质的鱼、肉，不仅失去了原来所含的营养素，还含有各种对人体有害的物质，食后会引起食物中毒。因此，这类食物在婴儿膳食中，应是绝对禁食的。

与父母同桌进餐

到了这个阶段，宝宝对食物的接受能力增强了，几乎成人能吃的食物，宝宝都可以吃，但要比成人吃得软些、烂些，味道稍淡些。这时宝宝咀嚼能力进一步加强，手指也可以抓住食物往嘴里塞，尽管他吃一半撒一半，但这也是一大进步。这个阶段的宝宝也正是模仿大人动作的时候，看到父母吃饭时，他会不由自主地吧嗒嘴唇，明亮的双眼盯着饭桌和家长，还会伸出双手，一副馋嘴相。看到宝宝这种表现，父母可以抓住时机，在宝宝面前也放一份饭菜，让他和父母同桌进餐，他会高兴地吃。这种愉快的进餐环境对增强宝宝食欲是大有益处的。

宝宝和父母一起进餐时，桌上色香味俱全的菜肴，可以让宝宝都尝一尝，尝酸味食物的时候，告诉他"这是酸的"。通过宝宝视、听、嗅、味的感觉信息，经过大脑的活动有效地进行组合，使宝宝增加了对食物的认识和兴趣。此时，可以手把手地训练宝宝自己吃饭，这样做既满足了宝宝总想自己动手的愿望，又能进一步培养他使用餐具的能力。

这个阶段的宝宝已经可以享受固体食物了。他现在能够用手指头拿起切成小块的水果、蔬菜，他非常渴望能够自己拿着吃，甚至开始试图使用勺子。父母应该抓住这个时机，让宝宝学习自己吃饭。可以给宝宝一把专用的勺子和一些切成小块或捣碎的食物，让他自己吃。刚开始他肯定会弄得满身满脸满地都是，可以事先给宝宝戴好围嘴，让他坐在儿童餐椅上，并铺上小餐垫。

不要因为怕宝宝吃不好而阻止他自己吃的行为，顺应并辅助宝宝的内在要求会使他的某种能力在敏感期内得到迅速的发展和进步，当一个敏感期过去后，另一个敏感期会自然到来，这样就会促进宝宝的发展。据美国宝宝能力发展中心的研究发现，那些被顺应了需求的宝宝在1岁时已经能很好地自己用勺吃饭了，同时发展起来的不仅是自理能力，还有手眼协调性和自信心。

主食类辅食制作方法

青菜面

食材 应季青菜4~5棵，细面条60克

做法

1. 青菜洗净，切成1厘米长的小段，备用。
2. 水烧开，放入细面条煮熟。
3. 下入青菜段，煮熟后盛出即可。

鸡肉西蓝花面

食材 鸡胸肉60克，西蓝花40克，细面条60克，高汤200毫升

做法

1. 西蓝花洗净，择成小朵。鸡胸肉切成小片。

2. 高汤放入锅中加热，再放入西蓝花、鸡肉片，一起煮至熟软。

3. 下入细面条段，煮熟后盛出即可。

营养分析

西蓝花营养丰富，含有蛋白质、脂肪、磷、铁、胡萝卜素、维生素B_1、维生素B_2、维生素C等，其中维生素C含量最为丰富，是蔬菜中含量最高的。西蓝花质地细嫩，味甘鲜美，容易消化，很适合宝宝食用。

肉粒软饭

食材 瘦猪肉20克，熟米饭50克，青菜叶20克

做法

1. 瘦猪肉切成小粒，青菜叶切末。

2. 锅中放入少量植物油，油热后放入瘦猪肉粒，煸炒至熟。

3. 加入米饭炒匀，再加入青菜叶末炒匀即可。

三鲜饺子

 食材 鸡蛋1个，韭菜50克，饺子皮、虾仁各适量

做法

1. 把鸡蛋炒熟、压碎。韭菜、虾仁切末。加入少量植物油，顺着一个方向搅拌好备用。
2. 用备好的饺子皮包成饺子即可。

番茄鸡蛋面片汤

 番茄1/2个，鸡蛋1个，面粉50克

1. 番茄放入开水中去皮，切成小块。鸡蛋打散备用。
2. 面粉加适量水和面，擀成大薄片。
3. 切成菱形面片。
4. 水开后下面片，放入番茄块，开锅后下入打散的鸡蛋，煮熟即可。

营养分析

番茄含有丰富的营养，又有多种功用，被称为神奇的菜中之果。番茄含有丰富的维生素C、胡萝卜素和B族维生素，还含有钙、磷、钾、镁、铁、锌、铜、碘等多种元素，以及蛋白质、糖类、有机酸、纤维素等。

小·馄饨

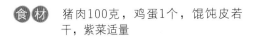

食材 猪肉100克，鸡蛋1个，馄饨皮若干，紫菜适量

做法

1. 猪肉剁成肉末，放入鸡蛋、植物油，朝一个方向搅拌。

2. 取一张小馄饨皮，用筷子夹点儿肉放在皮中间。

3. 以筷子为中心，将四周的皮朝中间包。

4. 待馄饨皮都靠拢在筷子上了，把筷子抽出来，轻轻捏一下即可。

5. 煮熟馄饨后，加少许紫菜调味。

西葫芦鸡蛋饼

 鸡蛋1个，西葫芦50克

1. 西葫芦洗净，切成细丝。
2. 鸡蛋打散，加入西葫芦丝，搅打均匀。
3. 锅烧热，倒入少许油，将鸡蛋液倒入，平摊成饼。

4. 小火将蛋饼两面煎熟。

营养分析

　　西葫芦含有较多维生素C、碳水化合物等营养物质。中医认为，西葫芦具有清热利尿、除烦止渴、润肺止咳、消肿散结等功效。

主菜类辅食制作方法

豆腐肉丸

食材 豆腐1/3块，猪肉馅50克，淀粉适量，葱末少许

做法

1. 猪肉馅加入豆腐、淀粉、葱末搅拌均匀。
2. 将调好的肉馅捏成丸子，放入容器。
3. 将肉丸放入蒸锅，大火蒸12分钟左右即可。

Tips 如何挑选豆腐

1. 豆腐的颜色应该略带微黄，如果过于发白，可能添加了漂白剂，不宜选购。

2. 好的盒装内酯豆腐表面平整，盒内无空隙，开盒可闻到豆腐香气。

3. 豆腐易腐坏，买回家后应立刻放入冰箱，烹调时再取出。

土豆泥鸡肉丸子

 做法

 食材　土豆半个，鸡肉50克，淀粉适量，
　　　葱末少许

1. 鸡肉剁成馅儿。土豆洗净，煮熟，去皮，
　压成泥。
2. 将鸡肉馅和土豆泥、淀粉、葱末搅拌均匀。
3. 将拌好的鸡肉馅捏成丸子，放入容器。
4. 将肉丸放入蒸锅，大火蒸12分钟左右即可。

香菇肉末豆腐

 食材　豆腐1/3块，猪肉50克，香菇2朵

做法

1. 猪肉切成小粒，香菇切丁，豆腐切成小块。
2. 锅烧热后放油，下入猪肉末翻炒。
3. 猪肉末变色后加入香菇丁翻炒。
4. 锅中加入适量的水煮开，下入豆腐块，加盖煮2分钟即可。

肉末冬瓜

 食材 冬瓜100克，猪肉50克，蒜1瓣

 做法

1. 冬瓜去皮，切成小块，猪肉切成小粒，蒜切末备用。
2. 锅烧热，倒入少许植物油，放入蒜末爆香，再下入猪肉粒翻炒。
3. 放入冬瓜块，用小火煮至冬瓜熟软即可。

营养分析

　　冬瓜含维生素C较多，且钾盐含量高，钠盐含量较低。中医认为，冬瓜味甘，性良，有化瘀止渴，利尿消肿，清热祛暑，解毒排脓的功效，在夏季食用尤其适宜。

炒三丁

 食材 瘦猪肉30克，茄子50克，土豆30克

 做法

1. 瘦猪肉切成小粒，茄子、土豆切成小丁。
2. 锅烧热后放入植物油，下入肉末翻炒。
3. 肉末变色后加入茄子丁翻炒。
4. 锅中加入适量的水煮开，下入土豆丁，加盖煮2分钟即可。

丝瓜鸡蛋

 鸡蛋1个，丝瓜1/3根

1. 丝瓜洗净，去皮，切成薄片，鸡蛋打散成鸡蛋液备用。
2. 锅烧热，放少许植物油，倒入鸡蛋液。
3. 鸡蛋炒熟后加入丝瓜片继续翻炒，待丝瓜变软后即可。

　　丝瓜含有丰富的B族维生素和维生素C。中医认为，丝瓜具有消热化痰、凉血解毒、解暑除烦、通经活络、祛风等功效。

清炒西蓝花

 西蓝花适量

做法

1. 西蓝花洗净，择成小朵备用。
2. 锅烧热，放少许油，下入西蓝花。
3. 加少许水翻炒，待西蓝花变软后即可。

西蓝花常有残留的农药，还容易生菜虫。所以做之前应将西蓝花洗净，放在盐水中浸泡几分钟。

香菇肉丁

食材 瘦猪肉50克，香菇2朵

做法

1. 瘦猪肉切成小粒，香菇切成丁。
2. 锅烧热，放少许植物油，下入肉粒翻炒。
3. 瘦猪肉粒变色后加入香菇丁翻炒片刻。
4. 锅中加入适量的水煮开，加盖煮2分钟即可。

肉末卷心菜

食材 瘦猪肉50克，卷心菜2片

做法

1. 瘦猪肉切成小粒，卷心菜切成末。
2. 锅烧热，放少许植物油，下入瘦猪肉粒翻炒。
3. 瘦猪肉粒变色后加入卷心菜末，翻炒至熟即可。

第六章

1~2岁，
良好饮食习惯
的培养期

1~2岁宝宝的营养需求

★能量

由于活动范围增大，1岁以后，宝宝所需要的能量明显增多。每日总能量需求4393千焦（1050千卡），其中蛋白质占12%~15%，脂肪占30%~35%，碳水化合物占50%~60%，即每日每千克体重需要蛋白质2.5克~3.0克、脂肪2.5克~3.0克、碳水化合物10克。

★主要矿物质

钙：600毫克/天

铁：12毫克/天

锌：9毫克/天

碘：50微克/天

★主要维生素

维生素A：500微克/天

维生素D：10微克/天

维生素B$_1$：0.6毫克/天

维生素B$_2$：0.6毫克/天

维生素C：60毫克/天

★水

每日每千克体重应摄入水120毫升

教宝宝使用餐具

经过一段时间的练习，宝宝已经能够用勺盛食物，并能准确地送食物进嘴，此时，正是培养宝宝使用餐具和独立吃饭的好时机。

家长可以在宝宝的饭碗中盛少半碗饭，上面放一些菜，放在宝宝的饭桌上，让宝宝一手扶碗，一手拿勺吃饭。告诉宝宝每次用

勺盛饭量应少，让勺中的饭菜都能吃进嘴里，鼓励宝宝自己完成进餐，家长不要包办代替。经过几个月的训练之后，2周岁时，就可以学会自己扶碗吃饭，尽管把饭菜撒在桌上，甚至会弄脏脸和衣服，但他已经初步掌握进餐技能。在此基础上，可以把饭盛在饭碗里，菜盛在菜盘里，让宝宝练习吃一口饭，再吃一口菜。在进餐的过程中及进餐后，要教宝宝养成用餐巾擦嘴、擦手的卫生习惯，还要不断向宝宝强化餐具的名称，如饭碗、盘、勺子等，以丰富宝宝的认知能力和语言表达能力。有些宝宝一开始学习时吃得太慢，撒得太多，家长可以在一旁喂一些，以免他自己吃不饱，慢慢的宝宝就可以自己吃饱了。

用杯子或碗代替奶瓶

宝宝用杯子和碗喝水的技巧已更加熟练，较少洒漏，可以用碗喝奶而不用奶瓶了。先从白天开始，每次倒1/4～1/3杯奶，不必倒满，喝完再添。早晨、午睡后到晚上睡前都改用碗或杯子喝奶，使宝宝觉得像大人一样，似乎长大了。杯、碗都易于清洗，奶瓶和奶嘴易滋生细菌不易洗净。如果宝宝有含奶嘴入睡的习惯要尽快改掉，一来奶中的糖分会使龋齿形成，二来含奶嘴入睡会影响门牙的咬合、使上颌拱起，影响容貌。

每天保证喝一定量的奶

乳类食物依然是2岁以下宝宝最重要的日常食物。除了母乳以外，应鼓励宝宝喝配方奶粉，而不是牛奶。因为牛奶中含有过多的钠、钾等矿物质，会加重宝宝的肾负荷。牛奶中的蛋白以乳酪蛋白为主，不利于宝宝消化吸收。优质的配方奶粉以母乳为标准，去除动物乳中的部分酪蛋白、大部分饱和脂肪酸，降低了钙等矿物质的含量，以减轻宝宝的肾脏负担；增加了GA（神经节苷脂）、乳清蛋白、二十二碳六烯酸（DHA）、花生四烯酸（AA）、唾液酸（SA）、乳糖、微量元素、维生素以及某些氨基酸等，营养成分和含量均接近母乳。1～2岁的宝宝每天仍然需要喝母乳或配方奶2～3次，每次150毫升～240毫升。

骗、强制或打骂宝宝。

★以身作则

家长在进餐时做到不挑食、不偏食，不表述或暗示对食物的倾向性，鼓励宝宝多吃蔬菜及豆类。

培养良好的饮食习惯

★在餐桌就餐

宝宝应养成在餐桌就餐的习惯，同时家长要以身示范遵守用餐规矩，如吃饭时不说话、不看电视。尽管可能会撒一些饭菜，但要鼓励宝宝自己动手吃饭，决不能求着宝宝吃饭或拿碗追着喂饭。

★定餐定量

根据宝宝的年龄，结合能量及营养素的需要，制定出相应的定量食谱，安排好正餐、餐间点心以及少量点心。膳食花样应有设计，让宝宝有新鲜感，以促进食欲。所用定量食谱应有弹性，即在一定时间范围内控制总的膳食量，而不必计较某一两顿饭量。所定食谱是否合理，应以宝宝体重及健康状况为评价参考，而不是家长的感受。

★愉快进餐

家长应始终采取循循善诱的态度，营造良好的进餐气氛，避免因为吃饭的问题哄

注意饮食安全和卫生

★注意饮食安全

给宝宝吃花生、果仁等食品时一定要捣碎，避免宝宝吸入气管。

★注意饮食卫生

1.整个制作和喂养过程中都要保持双手的清洁，特别注意宝宝如厕、接触动物之后要让他洗手。

2.生肉和海产品与其他食物分开，并使用专用的刀、菜板等用品处理，避免生食和制备好的食物相接触。

3.彻底烹调食物，尤其是猪肉、禽肉、蛋和海产品、煮沸带汤的食物或炖煮的食物。

4.为宝宝准备的食物都应该是现做的，并且应该在制备好后的1小时内食用。室温下保存烹调好的食物不能超过2小时。冰箱保存的乳品应该当天饮用。

5.宝宝饮用的水都要经过煮沸，烧开的水不能储存48小时以上。

春季饮食要则

★多吃富含钙的食物

春季气候逐渐转暖，宝宝外出晒太阳的时间增多，会促进身体吸收钙，因此饮食上应给宝宝多提供富含钙的食物，以促进骨骼的生长发育。

★注意补水

春季是个多风干燥的季节，随着气温增高，新陈代谢和血液循环的加快，以及身体活动量的增加，都会让宝宝在不知不觉中经呼吸道和体表蒸发掉大量的水分。如果未能及时补充水分，宝宝的身体就很容易缺水，导致人们常说的"上火"。宝宝上火容易引发咽炎、咳嗽、便秘等疾病。因此，家长要注意给宝宝及时补充水分。

★避免吃刺激性食物，饮食宜清淡

春天气温由冷变暖，阳气上升，如果给宝宝过多食用热性食物，如羊肉，或食用刺激性强的辛辣食物，如辣椒、胡椒、姜、葱、蒜等，或食用油腻食品，都容易损伤脾胃，造成宝宝食欲不佳。因此，要避免给宝宝吃热性、辛辣等容易上火的食物，应该多吃一些容易消化吸收的鱼类、蛋类、鸡肉类等。

★多摄取维生素

春季，宝宝对维生素C、维生素B_2和锌、铁、钙等矿物质的需求增加。如果身体缺乏这种营养，各种呼吸道感染和传染病容易侵扰宝宝，还容易发生"春季易感症"，如口角经常发炎，齿龈易出血，皮肤变得粗糙等。因此妈妈们要注意宝宝对各种维生素的摄取。

夏季饮食要则

★饮食宜清淡

夏天气温高，宝宝的消化酶分泌较少，容易引起消化不良或感染性肠炎等肠道传染病，需要适当地为宝宝增加食物量，以保证足够的营养摄入。最好吃一些清淡、易消化、少油腻的食物，如黄瓜、番茄、莴笋、扁豆等含有丰富维生素C、胡萝卜素和矿物质等营养素的食物。可用这些蔬菜做些凉菜、在菜中加点蒜泥，既清凉可口，又有助于预防肠道传染病。

★白开水是夏季最好的饮料

夏天宝宝出汗多，体内的水分流失也多，宝宝对缺水的耐受性比成人差，有口渴的感觉时体内的细胞已有脱水的现象了，脱水严重还会导致发热。宝宝每日从奶和食物中获得的水分约800毫升，但夏季应摄入1100毫升～1500毫升水。因此，多给宝宝喝白开水非常重要，可起到解暑与缓解便秘的双重作用。

★夏季要注意补盐

天热多汗，体内大量盐分随之排出体外，缺盐使渗透压失衡，影响代谢，人易出现乏力、厌食，所以夏季饮食可较以往稍咸一点。

★冷饮不可多喝

夏天宝宝最贪喝冷饮，这时爸爸妈妈要立场坚定。冷饮吃得过多会冲淡胃液，影响消化，并刺激肠道，使蠕动亢进，缩短食物在小肠内停留的时间，影响宝宝对食物中营养成分的吸收。特别是宝宝，胃肠道功能尚未发育健全，黏膜、血管及有关器官对冷饮的刺激尚不适应，多食冷饮会引起腹泻、腹痛、咽痛及咳嗽等症状，甚至诱发扁桃体炎。

秋季饮食要则

秋天是宝宝体重增长的最佳季节，同时也是上呼吸道易感染时期，所以应润肺利湿去燥，多食萝卜排骨汤、梨、枸杞子、菊花等能够润燥生津、清热解毒以及助消化的食物。按照中医的传统养生观点，秋季的饮食应该以润燥益气为原则，以健脾补肝清肺为主，既要营养滋补，又应考虑到容易消化吸收。

在初秋，饮食应遵循增酸减辛以助肝气的原则，少吃一些辛辣的食物，如姜、葱、蒜等辛辣之物，多食用一些具有酸味和润肺润燥的水果和蔬菜。如甘蔗、香蕉、柿子等各类水果，胡萝卜、冬瓜、银耳、莲藕等蔬菜，以及各种豆类及豆制品，以润肺生津。其中，柚子是最佳果品，可以防止秋季最容易出现的口干、皮肤粗糙、大便干结等秋燥现象。

秋季不宜再多食用冷饮，还要谨防"秋瓜坏肚"。西瓜或香瓜等瓜类都不要多吃，否则容易损伤脾胃的阳气，导致抵抗力降低，入秋后易得感冒等病。

冬季饮食要则

冬季是蓄势待发的季节，冬季科学饮食可以为春天的生长发育打下坚实的营养基础。有些家长总担心宝宝营养不够，尤其是冬季，天气冷，宝宝食欲一般较好，家长就天天给宝宝吃高蛋白、高脂肪的食物，以为这样可以加强营养，这种做法并不科学。因为，宝宝娇嫩的肠胃往往不能胜任额外的负担，容易发生胃肠功能紊乱，即老人常说的"积食"。如此一来，不仅不能达到积蓄营养的目的，反而会使宝宝的抵抗力下降，招致更多疾病的侵袭。那么，怎样安排冬季饮食才能让宝宝安然过冬且健康强壮呢？

★饮食要均衡

无论什么季节，粮谷、蔬菜、豆制品、水果、禽畜肉、蛋、水产和奶制品都应当出现在宝宝的餐桌上，哪一样都不可缺少。要适当用植物蛋白（豆浆、豆腐、豆花以及各种杂豆类食物）替代部分动物蛋白，帮助平衡蛋白质的种类，促进蛋白质吸收，增加膳食纤维，避免积食。

★保证摄入充足的热量

冬季身体的热量散失会比较多，饮食需要相应增加热能。增加热量的摄入不等于添加过多的高蛋白、高脂肪食物，如肉、蛋、海鲜等，要让主食和土豆、红薯、芋头、山药等根茎类蔬菜占主导地位，同时可适量增加核桃、芝麻、花生等植物油脂类食物，以储存热量。

★多吃应季蔬菜和水果

冬季宝宝容易患呼吸道感染等疾病，如果能摄入足够的维生素，就能有效增强免疫力。多选择新鲜的冬季果蔬给宝宝吃，特别是南瓜、红薯、藕、冬笋、胡萝卜、萝卜、番茄、青菜、大白菜、卷心菜、苹果、大枣、柑橘、香蕉、柚子、木瓜等。这些果蔬经受了低温考验后，糖、维生素及钾、镁等矿物质的含量都非常丰富，可提供丰富的热量和微量营养素。已经过季的水果如西瓜、桃子、樱桃等最好不要给宝宝吃了，这些果蔬大多在成熟前就被采摘，或者采用了催熟方法，营养素含量相对较低。如果遇上是冷库存放的产品，还有可能因不新鲜而吃坏了肚子。

动物肝脏、紫菜、海带、海鱼海虾（特别是深海鱼）等海产品也应该给宝宝多吃一些。最好每周能给宝宝吃上1～2次猪肝。家长可采用猪肝与其他动物食品混煮，如猪肝丁和咸肉丁、鲜肉丁、蛋块等混烧，或猪肝炒肉片。将猪肝制成白切猪肝片或卤肝片，在还未进餐的时候，给宝宝洗净手，让他一片一片拿着吃也是个好方法。

★多炖煮少生冷

冬季，食物的烹调要避免油炸、凉拌或煮后冷食，应以煲菜类、烩菜类、炖菜类、蒸菜类或汤菜等为主。冬季要避免吃、喝温度偏低的食品或饮品，宝宝的食品或饮品最好在40℃以上，不让低温刺激宝宝娇嫩的胃肠黏膜，引发消化道疾病。

由于低温使菜肴的热量散发较快，因此，在冬季恰当使用勾芡的方法可以帮助菜肴保温，如羹糊类菜肴。

★多吃润燥食物

冬季气候干燥，多吃些润燥食品对宝宝身体健康有好处。萝卜具有很强的行气功能，还能止咳化痰、润喉清嗓、降气开胃、除燥生津、清凉解毒。俗话说"冬吃萝卜夏吃姜，不劳医生开药方"，就是说萝卜有很好的保健功能。吃萝卜的花样很多，可生吃、凉拌、炒菜，也可做汤。冬瓜味甘性凉，有清热止渴、利水消肿等功效，可用于咳嗽痰多、心神烦乱等。另外，蘑菇、苦瓜、白木耳等也有润燥的作用。

宝宝偏食、挑食、厌食怎么办

★宝宝偏食的应对方法

要想改变宝宝偏食的习惯，首先要改变直接照看宝宝的人对食物的偏见，改变教育方法，以身作则耐心解说引导，使宝宝正确对待各种食物。同时注意烹调方法，变更食物花样和味道，鼓励宝宝尝试进食各种食物并肯定其微小的进步，以培养宝宝良好的进食习惯。下面介绍几种合理而又可行的纠正宝宝偏食的方法：

1.家长态度要坚决

如果发现宝宝不喜欢某种食物，家长要及时纠正。家长的默许或承认会造成宝宝心理上的偏执，把自己不喜欢的食物越来越排斥在饮食范围之外。挑食常常是在宝宝患病、不舒服、发脾气、节日的时候开始的，如果允许他挑食，会逐渐养成其随心所欲的习惯。

2.家长要为宝宝做表率

一般来说，生活在不同环境中的人群有不同的食物口味偏好，父母的饮食习惯对宝宝影响非常大，所以父母不要在宝宝面前议论哪种菜好吃，哪种菜不好吃；不要说自己爱吃什么，不爱吃什么；更不能因自己不喜欢吃某种食物，就不让宝宝吃，或不买、少买。父母应改变和调整自己的饮食习惯，努力让自己的宝宝吃到各种各样的食品，以保证宝宝生长发育所需营养素的摄入量。

3.培养宝宝对多种食物的兴趣

每当给宝宝一种食物的时候，都要用其能听懂的语言把这一食物夸奖一番，鼓励宝宝尝试。家长自己最好先津津有味地吃起来，宝宝善于模仿，一看家长吃得很香，自己也就愿意尝试了。

4.设法增进宝宝的食欲

食欲是由食物、情绪和进食环境等综合因素促成的。除了食物的搭配，食物的色、香、味的良好刺激外，还需要进食时的和悦气氛和精神愉快。与其在宝宝不高兴时拿食物来哄他，不如等到宝宝高兴以后再让其吃。宝宝进食的时候要避免强迫、训斥和说教。

5.寻找相同营养素的替代品或变换食物花样

妈妈绝不能因宝宝不吃某种食物，以后就不再做，而是要想办法逐渐予以纠正，可用与这种食物营养成分相似的食品代替，或过一段时间再让宝宝吃，还可以在烹饪上下工夫，如宝宝不吃胡萝卜，可把胡萝卜掺在宝宝喜欢吃的肉里面，做成丸子或做成饺子馅，逐渐让宝宝适应。妈妈要特别注意不能强迫宝宝进食，或者大声责骂，这样一旦形成了条件反射，反而会起到相反的作用。

★宝宝挑食的纠正方法

1.饭菜花样翻新

长期不变地吃某一种食物会使宝宝产生厌烦情绪，故家长应编排合理的食谱，不断地变换花样，还要讲究烹调方法。这样既可使宝宝摄取到各种营养，又能引起新奇感，吸引他们的兴趣，刺激其食欲，使之喜欢并多吃。把宝宝不喜欢吃的食物弄碎，放在他喜欢吃的食物里。有的宝宝只喜欢吃瘦

肉，不吃肥肉，可将肥肉掺在瘦肉中剁成肉糜，做成肉丸或包饺子、馄饨，也可塞入油豆腐、油面筋等食物中煮给宝宝吃，使其不厌肉、不挑食。不喜欢吃青菜可以把青菜剁碎，做成菜粥、馄饨等。

2.让宝宝多尝试几次

要让宝宝由少到多尝试几次，同时大人也做出津津有味的样子吃给宝宝看，慢慢宝宝就会接受，习惯了宝宝就会吃。

3.控制宝宝的零食量

以定时、定量的"供给制"代替想吃就给的"放任制"。可以给宝宝安排适当的活动，让宝宝在饭前有饥饿感，这样他就会"饥不择食"了。

4.增强宝宝吃的本领

有的宝宝不会食用某种食物，就逐渐对其失去信心和兴趣，形成挑食。譬如吃面条，宝宝不会拿筷子，家长应手把手地教给方法给予帮助，宝宝尝到鲜美之味，自然会高兴地吃。有些宝宝害怕鱼刺鲠喉而对吃鱼存在恐惧心理，家长应帮助其剔去鱼刺再给宝宝吃，或者让其吃鲶鱼、鳝鱼等少刺的鱼。

5.多进行营养知识教育

家长要经常向宝宝讲挑食的危害，介绍各种食物都有哪些营养成分，对他们的生长发育各起什么作用，一旦缺少会患什么疾病。尽量用宝宝能够接受的话语和实例进行讲解，以求获得最佳效果。

6.及时鼓励和表扬

宝宝喜欢"戴高帽"，纠正挑食应以表扬为主。一旦发现宝宝不吃某种食物，经劝说后若能少量进食时即应表扬鼓励，使之坚持下去，逐渐改掉挑食的不良习惯。家长最了解子女，当发现宝宝不吃某种食物时，可以暂时停止他们认为最感兴趣的某种活动进行"惩罚"，促使宝宝不再挑食，达到矫正挑食的目的，但是切忌打骂训斥。

7.中药、食疗小妙方

食疗和捏脊的方法也可以让宝宝胃口好起来。

食疗方：山楂、山药、薏米、红枣、莲子等熬粥服用。

捏脊：从宝宝的尾骶开始沿脊柱两旁向颈部拿捏。来回5次，一天一次。

按摩方法：在宝宝的脐部周围顺时针按摩，一天两次，每次20分钟，饭后半小时进行。

如果宝宝严重挑食就得去医院查查，贫血、缺锌等原因都会影响孩子的胃口。

★宝宝厌食的应对方法

厌食如果长期得不到纠正会引起营养不良，妨碍宝宝的正常生长发育。但是，也不能过分机械地要求宝宝定量进食。遇到他们食量有变化时，如果营养状况正常，没有病态，不应视为厌食，可观察几天再说。总的来说，健康儿童的进食行为是生理活动，只要从添加辅食开始就注意培养进食的良好习惯，特别是及时添加各种蔬菜，一般不会因进食问题造成营养障碍。有时宝宝会拒绝吃饭，多数情况下这只是一时的现象，家长不必太担心。家长要做的事是为宝宝选择合乎平衡膳食原则的食品，在一天时间内能吃下去就可以了，或者在几天时间内总的水平达到平衡也可以，而不必强制宝宝在某个时间内必须吃多少。如果宝宝有一顿吃得少点，甚至闹情绪一顿两顿不吃，家长不必为此担心，也不要表现出来。如果家长哄骗、答应宝宝的要求或央求宝宝吃饭，就会助长宝宝扭曲的心理，下一步进食就会更麻烦。在进食问题上要坚持原则，但短时间内一顿甚至一天完全不吃饭不会出现健康问题，这顿不吃，下顿宝宝就会自我纠正、按需吃饭。

孩子和大人一样，愿意心情愉快地进食，又由于模仿性强，大人对吃饭的态度和进食习惯直接影响儿童的心情和行为。因此，当儿童出现进食紊乱时，首先要追溯家长尤其是直接照看儿童的人的精神心理根源。通过学习基本营养知识，家长自身改变对儿童喂养的认识和掌握合理方法后，完全可能在自己家里恢复儿童正常的食欲及进食规律，而不必求助于医生和药物。这包括调配儿童膳食，合理搭配食物成分，提高烹调技艺水平，为儿童设计所需的平衡膳食食谱。当然，对确有疾病的儿童应由医生进行检查及调理。

让宝宝爱上蔬菜

在识字、看图、看电视的时候向宝宝宣传蔬菜对健康的好处。

通过激励的方法鼓励宝宝吃蔬菜。当宝宝吃了蔬菜后就给予表扬、鼓励，以增加宝宝吃蔬菜的积极性。

采用适当的加工、烹调方法。家长要把菜切得细小一点，再搭配一些新鲜的肉、鱼等（不要加味精）一起烹调，并经常更换品种，使其成为色、香、味、形俱全的菜肴，才能提高宝宝吃蔬菜的兴趣。

选择宝宝感兴趣的品种。如果发现宝宝对某种蔬菜感兴趣（包括形状、颜色等）就可以为宝宝做这个菜，既满足了宝宝的好奇心，又让宝宝吃了蔬菜。

给宝宝吃一些生蔬菜。可以将一些质量好、没污染的西红柿、黄瓜、萝卜、甜椒等做成凉拌菜，它们常会因水分多、口感脆而被宝宝接受。

吃带蔬菜的包子、馄饨、饺子。如果宝宝乐意吃面食，就在馅料中加入切细的韭菜、荠菜等蔬菜。

家长带头吃蔬菜。让宝宝参与做菜。家长可以鼓励宝宝与自己一起择菜、洗菜，在吃饭时向同桌就餐的人推荐吃宝宝动手加工的蔬菜，让宝宝有成就感，使宝宝逐渐亲近蔬菜。

养成饮水的好习惯

水是人类和动物赖以生存的主要条件。宝宝处于生长发育时期，新陈代谢旺盛，肾的浓缩功能差，排尿量相对多，对水的需要更为突出。所以，年龄越小，需水越多，父母应注意给孩子及时补充水分。宝宝每日所需水分随年龄增加而减少，通常1岁宝宝每日所需水分为120毫升~135毫升，2岁宝宝为115毫升~125毫升。随着孩子逐渐长大，应根据需要自由喝水，此时，父母应准备水瓶和温开水，放在孩子能拿到的地方，鼓励孩子自己喝水。宝宝饮水的多少，应根据饮食和天气的变化增减。如天热、出汗多、发烧、活动量大、水分消耗多，饮食较干、过咸时，饮水量适当增加；而当天气寒冷、活动量小，饮食中水分多时，饮水量便减少。为了保证孩子摄入充足的水分，每天应安排固定的饮水时间。此外，家长还应注意做到以下几点：

1.饭前1小时之内不喝水。

2.不能边吃饭、边饮水或吃水泡饭。

3.睡觉前不喝水。

4.不能用冷饮代替喝水。

5.不能多喝糖水。因为糖水可使体内碳水化合物摄入量过多，导致肥胖；饮糖水后，不注意漱口，易发生龋齿。

宝宝缺水往往易被忽视，除注意补充水分、预防宝宝缺水之外，家长还要掌握如何判断宝宝是否缺水，主要看宝宝的小便量，如在一天内或者一个上午排尿次数特别少，并且每次尿量也不多，就应给宝宝喝水。

★宝宝菜肴烹制方法

适合宝宝膳食常用的方法主要有：蒸、炒、烧、熬、汆、熘、煮等。

1.蒸菜法

蒸出的菜肴松软、易于消化、原汁流失少、营养素保存率较高，如蒸丸子，维生素B_1保存率为53%，维生素B_2保存率为85％，烟酸保存率为74%。

2.炒菜法

蔬菜、肉切成丝、片、丁、碎末等形状和蛋类、鱼、虾类等食物用旺火急炒，炒透入味勾芡能减少营养素的损失，如炒小白菜，维生素C保存率为69％，胡萝卜素保存率为94％；炒肉丝，维生素B_1保存率为86％，维生素B_2保存率为79％，烟酸保存率为66％；炒鸡蛋，维生素B_1保存率为80％，维生素B_2保存率为95％，烟酸保存率为100％。

3.烧菜法

将菜肴原料切成丁或块等形状，然后，热锅中放适量油，将原料煸炒并加入调料炒匀，加入适量水用旺火烧开、温火烧透入味，色泽红润，如烧鸡块、烧土豆丁等。

4.熬菜法

将炒锅放入适量油烧热，用调料炝锅，投入菜肴原料炒片刻后，添适量水烧开并加入少许盐熬熟，如白菜熬豆腐、熬豆角等。

5.汆菜法

将菜肴原料投入开水锅内，烧熟后加入调味品即可。一般用于汤菜，如牛肉汆丸子、萝卜细粉丝汤、鱼肉汆丸子、菠菜汤等。

6.熘菜法

将菜肴原料挂糊或上浆后，投入热油内汆熟捞出，放入炒锅内并加入调料及适量水烧开勾芡或倒入提前兑好的调料汁迅速炒透即可，如焦熘豆腐丸子、熘肉片等。

7.煮菜法

将食物用开水烧熟的一种方法，如煮鸡蛋、煮五香花生等。

★烹调蛋白质食物小常识

蛋白质食物的烹调方法很多，如炸、炒、蒸、煮等，但都会由于烹调方式的不同而损失一些营养。一般来讲，煮或炒时营养素损失得要少一些，炸着吃则使营养素损失得较多。鱼或肉在红烧、清炖时，可使糖类及蛋白质发生水解反应，进而使水溶性维生素和矿物质溶解于汤里。因此，给宝宝吃红烧或清炖的肉及鱼时，最好连汤带肉一同吃。另外，用急火爆炒肉食，其中的营养素丢失得最少，所以肉食要尽量炒着吃。不妨偶尔也给宝宝尝一点油炸鱼或肉，但在烹调时最好在食物表面挂糊，这样可避免食物与温度很高的油接触，在一定程度上使营养素受到保护，从而减少损失。

美味主菜大搜罗

肉末番茄

食材 鲜小里脊肉50克，西红柿1个，葱末、精盐、植物油各适量

做法

1. 将鲜里脊肉洗净、剁成肉末，用水淀粉抓匀。

2. 番茄洗净，用开水烫一下，去皮、去子、切块儿，现炒现切。

3. 炒锅烧热，加入植物油，油热后放葱末及肉末，煸炒至肉末变成白色，淋少许水，加盖焖熟肉末。加入切好的番茄翻炒，小火焖3分钟，加入少许盐，起锅。

海米冬瓜

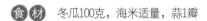

食材 冬瓜100克，海米适量，蒜1瓣

做法

1. 海米浸泡备用，蒜切末。冬瓜削皮、切片。

2. 锅中放少许植物油，下蒜末炒出香味后放入冬瓜片，翻炒2分钟左右。

3. 下入泡好的海米，继续翻炒。

4. 倒入少量的水，盖上锅盖，小火焖煮片刻，撒入适量盐即可。

蔬菜沙拉

 土豆、黄瓜、柚子、沙拉酱各适量

1. 黄瓜洗净、切丁，柚子剥好，分成大小合适的块。

2. 土豆去皮，洗净后切丁，煮熟。

3. 将所有食材放入碗中，拌入适量的沙拉酱即可。

海带烧豆腐

食材 水发海带丝，北豆腐1/2块，
豌豆适量，香油、料酒、盐
各适量

做法

1. 海带丝用水泡发，并清洗干净。
   北豆腐切成小丁，豌豆煮熟，备
   用。

2. 取少许高汤煮沸，加入海带丝。
   将豆腐丁、熟豌豆放入高汤锅
   中，上盖小火焖5分钟，滴入香油
   及料酒，加少许盐，起锅。

营养分析

　　海带含碘量很高，同时含有钙、
铁、锌等矿物质及海带胶，所含热量
很低。豆腐为优质植物蛋白，含钙、
铁、锌、镁。

肉末芥蓝

 食材　芥蓝100克，肉末25克，水淀粉、葱末各适量

做法

1. 芥蓝洗净，切成碎块，备用。
2. 肉末用水淀粉抓匀，备用。
3. 热锅下油，放入葱末及抓匀的肉末，炒至肉末变色，加入芥蓝，翻炒均匀后加少许水，小火焖2～3分钟，加盐调味即可。

营养分析

　　芥蓝中含有有机碱，这使它带有一定的苦味，但能刺激人的味觉神经，增进食欲，还可加快胃肠蠕动，有助消化。因此，对于食欲缺乏、便秘的宝宝在日常饮食中吃点芥蓝是有好处的。

紫菜蛋花汤

食材 鸡蛋1个，干紫菜适量，香菜、香油各少量

做法

1. 紫菜泡发，洗净，备用。鸡蛋打匀备用。
2. 锅中放入水，烧开后加入紫菜，汤水煮沸1~2分钟后，淋入蛋液。
3. 开锅后撒上香菜，淋上少量香油，起锅即可食用。

营养分析

紫菜营养丰富，富含B族维生素，特别是维生素B$_{12}$，而且还含有较多的钙、铁、锌、硒、碘等，所以不妨多让宝宝食用。

营养主食大搜罗

杂粮馒头

食材 面粉、杂粮粉、温牛奶、酵母粉各适量

做法

1. 将面粉和杂粮粉按照1:1的比例混合，加入酵母粉（用量参照酵母粉的使用说明书），用温牛奶和成面团，发酵数小时。

2. 将发酵好的面团蒸制成大小合适的馒头即可。

营养分析

　　杂粮馒头含有更多的膳食纤维，具有清肠通便的作用，有便秘的宝宝可多食用杂粮。

小·花卷

 面粉、酵母粉各适量

做法

1. 将面粉加入酵母粉（用量参照酵母粉的使用说明书），和成面团发酵数小时。

2. 将发酵好的面团反复揉搓后擀成3毫米厚度的薄面片。

3. 在面片上刷上一层植物油，撒少许盐，将面片卷起来，用刀切成宽4厘米左右的小面团卷。

4. 每两个叠加起来，用筷子压下，压好后再用大拇指和食指左右往里捏成卷。

5. 上锅蒸熟即可。

豆沙包

食材 面粉250克，酵母5克，温牛奶、红豆、白糖各适量

做法

1. 将酵母溶于温牛奶静置5分钟，把酵母水慢慢倒入面粉中，揉成光滑的面团，盖上保鲜膜放置温暖湿润处饧发。待面团发酵至原来2倍大（出现蜂窝状的组织）就可以了。

2. 红豆提前一夜泡好，放入锅中加水煮烂。将煮烂的红豆放入料理机中，搅打成泥。最后用炒锅将红豆炒至水分蒸发，加入适量白糖搅匀。

3. 取出发酵好的面团，按揉几下，揉成圆条

状，分割成合适的面剂。撒些干面粉在面板上，用手掌心将面剂压扁，擀成中心较厚、边缘较薄的圆面皮。

4. 取适量馅料放入面皮中央，将面皮从边缘拉起至中央后，左手托着面皮，右手以中心为基准点逆时针方向将面皮慢慢捏出折痕，最后将收口稍微往逆时针方向转动捏紧即可。

5. 豆沙包包好后，放置约10分钟让其再次发酵。水烧开后上锅蒸熟即可。

营养分析

　　红豆又名赤豆、赤小豆、红小豆等，是最常见的杂豆之一。红豆含有较多蛋白质，钾、铁、硒、磷的含量也较多。需要注意的是，红豆既富含维生素，又富含膳食纤维和多酚类抗氧化物质。因此，如果为了口感而把豆皮丢弃就太可惜了。

阳春面

食材 鸡蛋1个，挂面适量，亚麻子油、盐、生抽、葱花各少许

做法

1. 鸡蛋煮熟备用。
2. 挂面煮熟，连汤带面放入碗中。加入煮熟的鸡蛋、盐、生抽等，最后滴几滴亚麻子油，并撒上葱花即可。

营养分析

鸡蛋是营养丰富的食品，家长还可以根据孩子的口味放适量青菜，这样营养更加丰富。

137

鱼肉饺子

食材 去骨刺新鲜鱼肉、黄瓜、葱末、植物油、盐各适量

做法

1. 鱼肉洗净，先用刀背斩成蓉状，黄瓜去皮擦细丝。

2. 把鱼肉和黄瓜细丝搅拌在一起，加盐、葱末、植物油等调成馅，包成饺子即可。

第七章

2~3岁，
像大人一样
吃饭

2～3岁宝宝的营养需求

★能量

每日总能量需求4812千焦（1150千卡），其中蛋白质占12%～15%，脂肪占30%～35%，碳水化合物占50%～60%，即每日每千克体重需要蛋白质3.0克、脂肪3.0克、碳水化合物10克。

★主要矿物质

钙：600毫克/天

铁：12毫克/天

锌：9毫克/天

碘：50微克/天。

★主要维生素

维生素A：500微克/天

维生素D：10微克/天

维生素B₁：0.6毫克/天

维生素B₂：0.6毫克/天

维生素C：60毫克/天。

★水

每日每千克体重应摄入水110毫升。

练习用筷子

怎样让宝宝练习用筷子呢？宝宝开始拿筷子吃饭，小手动作可能不太协调，操作起来比较困难，家长可以先让宝宝做练习，方法是：家长给宝宝准备一双小巧的筷子，两个小碗作为玩具餐具，家长坐在桌子旁边和宝宝一起做"游戏"，开始让宝宝用手练习握筷子。用拇、食、中指操纵第一根筷子，

用拇、中和无名指固定第二根筷子。同时家长也拿一双筷子在旁边做示范，练习用筷子夹起花生和纸包的巧克力豆。可以将花生和纸包的巧克力豆放在一个小碗里，让宝宝用筷子把它们夹到另一个小碗中，夹在碗外的不算，把夹到碗中的作为奖品，以提高宝宝练习的积极性。经过多次练习，基本熟练以后，在吃饭时给宝宝准备一双筷子，让他同爸爸妈妈一样都用筷子吃饭。但用餐时要注意，不要让宝宝拿着筷子到处跑，以免摔倒扎伤宝宝。

培养宝宝好的吃饭规矩

常听一些家长抱怨自己的孩子不好好吃饭，吃饭时孩子跑来跑去，一顿饭要追着喂很长时间。还有些孩子偏食、挑食，喜欢吃的就吃很多，不喜欢吃的，怎么劝也不吃一口。结果可能导致孩子营养不良或微量元素缺乏，爱生病。其实这些都是因为父母对独生子女过度溺爱，无原则地迁就，从小没有养成良好的饮食习惯的缘故。

要想宝宝身体好，必须从小就养成良好的饮食习惯，给他定出进餐规矩。

从几个月大让他抱着奶瓶吃奶过渡到1岁拿杯子喝水，至1岁多就让他开始学习拿勺吃饭。自食引起宝宝极大的兴趣，是对食欲的强烈刺激。开始时宝宝拿勺吃，妈妈也拿勺喂，慢慢地宝宝能自己吃饱时，就不用喂了，到2岁半以后宝宝完全可以自己吃饱。

一定要让宝宝坐在一个固定的位置吃饭，不能让他跑来跑去，边吃边玩，否则进餐时间过长影响消化吸收。如果在饭桌上与家长一起吃，不要让他成为全桌人注意的中心，大家都吃得很香定会感染宝宝，增加他的食欲。

让宝宝少吃零食，特别在饭前1小时不能吃，因为零食营养价值低，也影响宝宝的食欲。有些宝宝只吃零食不好好吃饭，造成营养缺乏症。

不许宝宝挑食、偏食，如果宝宝不爱吃什么东西，要给他讲清道理或讲一些有关的童话故事（自己编的也可以），让他明白吃的好处和不吃的坏处，但不要呵斥和强迫。家长也千万不要在饭桌上谈论自己不爱吃什么菜，这会对宝宝有很大影响。

不要暴食，爱吃的东西要适量地吃，特别对食欲好的宝宝要有一定限制，否则会出现胃肠道疾病或者"吃伤了"，以后再也不吃的现象。除了以上几点以外，如果要让孩子吃好，家长还应注意宝宝的饮食质量，如果饭菜的色香味俱全会大大增加宝宝的食欲。如果嫌麻烦，每天凑合着让宝宝与家长一起吃，有些宝宝会养成对吃饭不感兴趣的毛病。

2~3岁宝宝平衡膳食很重要

蛋白质、脂肪、碳水化合物、维生素、矿物质和水是人体必需的六大营养素，这些都是从食物中获取的。但是不同的食物中所含的营养素不同，其量也不同。为了取得必需的各种营养素，就要摄取多种食物，根据食物所含营养素的特点，我们可以将食物大体分为下面几类：谷物类，豆类及动物性食品（蛋、奶、畜禽肉、鱼虾等），果品类，蔬菜类，油脂类。

要使膳食搭配平衡，每天的饮食中必须有上述几类食品。

谷物（米、面、杂粮、薯）是每顿的主食，是主要提供热量的食物。

蛋白质主要由豆类或动物性食品提供，是宝宝生长发育所必需的。人体所需的20种氨基酸主要从蛋白质中来，不同来源的蛋白质所含的氨基酸种类不同，每日膳食中豆类和不同的动物性食品要适当地搭配才能获得丰富的氨基酸。

蔬菜和水果是提供矿物质和维生素的主要来源。每顿饭都要有一定量的蔬菜才能符合身体需要。水果和蔬菜是不能相互代替的。有些宝宝不吃蔬菜，家长就以水果代替，这是不可取的。因为水果中所含的矿物质一般比蔬菜少，所含维生素种类也不一样。

油脂是高热量食物，在我国，人们习惯使用植物油，有些植物油还含有少量脂溶性维生素，如维生素E、维生素K和胡萝卜素等。宝宝每天的饮食中也需要一定量的油脂。

有些家庭早餐喝牛奶、吃鸡蛋，而没有提供热量的谷类食品，应该添加几片饼干或面包。还有一些家庭早餐只吃粥、馒头、小菜，而未提供可利用的蛋白质，这也不符合宝宝生长发育的需要。只有平衡膳食才会使身体获取全面的营养，才能使宝宝正常生长发育。

碳水化合物（粮食）提供55%~60%的热量，蛋白质占12%~15%，脂肪占25%~30%。例如早餐让宝宝喝一袋奶，吃一个鸡蛋和一片面包就很好。如果吃不下宁愿吃面包而不吃鸡蛋，以免蛋白质过多而没有提供热量的碳水化合物。

三餐两点定时定量

胃的容积会随年龄的增长而逐渐扩大，3岁时约为680毫升，一般混合性食物在胃里经过4小时左右即可排空，因此，两餐之间不要超过4小时。胃液的分泌随宝宝进食活动而有周期性变化，所以不要暴饮暴食，以养成定时定量饮食的习惯。1~3岁的宝宝每日应安排早、中、晚3次正餐，上午下午再各加餐1次。一般三餐的适宜能量比为：早餐占30%，午餐占40%，晚餐占30%。

　　宝宝胃腺分泌的消化液含盐酸较低，消化酶的活性也比成人低，因而消化能力较弱，所以应给宝宝吃营养丰富、容易消化的食物，少吃油炸和过硬的刺激性食物；米饭要比成人的软一些；菜要切得碎一些。

　　年龄越小，肠的蠕动能力越差，因此，宝宝容易发生便秘，要经常给宝宝吃富含膳食纤维的粗粮、薯类和蔬菜、水果。粗粮宜在2～3岁时正式进入宝宝的食谱，这时宝宝的消化吸收能力已发育得相当完善，乳牙基本出齐。进食粗硬些的食物还可锻炼他们的咀嚼能力，帮助宝宝建立正常的排便规律。然而，粗粮并没有广泛地进入家庭餐桌，许多家长分不清高粱米、薏仁米，也不知道用大豆、小米和白米一起蒸饭能大大提高营养价值。其实，家中常备多种粗粮杂豆，利用煮粥、蒸饭的机会撒上一把，这是吃粗粮最简便的方法。宝宝肾功能较差，饭菜不宜过咸，以防止钠摄入过量，降低血管弹性。

宝宝不宜常吃的食品

此时的宝宝可以吃任何一种食物了，但是有一些食品对宝宝的健康有影响，要引起父母的注意。

可乐是大多数宝宝都爱喝的饮料，但可乐饮料中含有一定量的咖啡因，咖啡因对机体中枢神经系统有较强的兴奋作用，对人体有潜在的危害，宝宝处在身体发育阶段，体内各组织器官还没有发育成熟，身体抵抗力较弱，所以喝可乐饮料产生的潜在危害可能会更严重。宝宝也不宜吃过咸的食物，因为此类食物会引起高血压或其他心血管病的发生。腌过的食物都含有大量的二甲基亚硝酸

盐，这种物质进入人体后，会转化为致癌物质，宝宝抵抗力较弱，这种致癌物对宝宝的毒害更大。

罐头食品在制作过程中都加入一定量的食品添加剂，如色素、香精、甜味剂、保鲜剂等，宝宝身体发育迅速，各组织对化学物质的解毒功能较弱，如常吃罐头，摄入食品添加剂较多，会加重各组织解毒排泄的负担，从而可能引起慢性中毒，影响生长发育。

不要给宝宝用补品，人参有促使性激素分泌的作用，食用人参食品会导致宝宝性早熟，严重影响身体的正常发育。

泡泡糖中含有增塑剂等多种添加剂，对宝宝来说都有一定的微量毒性，对身体有潜

在危害，倘若宝宝吃泡泡糖的方法不卫生，还会造成肠道疾病。

茶叶中所含的单宁能与食品中的铁相结合，形成一种不溶性的复合物，从而影响铁的吸收，如果宝宝经常喝茶，很容易发生缺铁，引起缺铁性贫血。而且喝茶还可以使宝宝兴奋过度，烦躁不安，影响宝宝的正常睡眠。茶还可以刺激胃液分泌，从而引起腹胀或便秘。

如何根据体重调节饮食

绝大多数宝宝在2岁半时，乳牙就已出齐（20个），咀嚼的功能已经很好，能吃的食物花样增多。他们的饮食已不再单纯地局限于吃粥和面条汤，食谱中常常会安排一些干的食物如花卷、包子等。有些宝宝特别爱吃诸如肉龙、葱油饼、炸馒头片等食品。因为这些食品很香，宝宝常会吃得过多，家长看自己的宝宝这么香地吃东西，感到非常高兴，只要宝宝不出现消化不良，从不限制宝宝的食量。岂不知这些都是高热量的食物，摄入过多会使宝宝体重骤增，再不限制则会开始发胖。那么，宝宝吃多少才合适呢？不同的宝宝食量各不相同，总体说来，宝宝吃到成人普通食量的一半就已经足够了。

体重轻的宝宝，可以在食谱中多安排一些高热量的食物，配上西红柿蛋汤、酸菜汤或虾皮紫菜汤等，既开胃又有营养，有利于宝宝体重的增加。

已经超重的宝宝，食谱中要减少吃高热量食物的次数，多安排一些粥、汤面、蔬菜等占体积的食物。包饺子和包馅饼时要多放菜少放肉，减少脂肪的摄入量，而且要皮薄馅大，减少碳水化合物的摄入量。对吃得太多的宝宝要适当限量。

超重的宝宝要减少甜食，不吃巧克力，不喝含糖的饮料，冰激凌也要少吃。食谱中下午3点钟的小点心可以减少，或用膨化食品代替以减少热量。

但无论宝宝体重过轻还是超重，食谱中的蛋白质一定要保证，包括牛奶、鸡蛋、鱼、瘦肉、鸡肉、豆制品等轮换提供。蔬菜、水果每日也必不可少。

美味主菜大搜罗

这个时期的妈妈要在宝宝的食物烹调上下工夫，只要做出色、香、味俱全的美食，就能引起宝宝吃饭的兴趣，这样才不会使宝宝形成挑食或偏食的毛病，对宝宝养成良好的饮食习惯很有帮助。

番茄菜花

 番茄1个，菜花、白糖各适量

做法

1. 菜花择洗干净，分成小朵，备用。
2. 番茄放入热水中去皮，切丁。
3. 热锅下油，放入番茄丁及白糖炒成番茄酱，加入择好的菜花，翻炒均匀后加入适量的水，加盖焖煮5分钟左右。
4. 加盐调味即可。

1.好的菜花呈白色或乳白色，稍微有点发黄也是正常的。有黑点的菜花表明已经不新鲜了，不要购买。另外，菜花的叶子新鲜与否也是判断菜花是否新鲜的一个标准。
2.好的菜花紧密度好。

147

香菇油菜

 油菜50克，香菇2朵，蒜1瓣

1. 油菜择洗干净，切成小段。香菇
   洗净，切成小块。蒜切末。
2. 油锅热后下入蒜末，炒香后下入
   香菇块翻炒。
3. 下入油菜段翻炒至熟，加适量盐
   调味即可出锅。

　　挑选香菇时要选大小均匀、伞
柄肥厚、菌褶紧实整齐的香菇，质
地较硬，颜色呈黄褐色至黑褐色，
没有褐斑。

番茄炒鸡蛋

 食材 生鸡蛋1个，番茄1个，葱末、盐、植物油各适量

做法

1. 将西红柿洗净，去皮，切块。生鸡蛋打匀备用。

2. 炒锅烧热，加入植物油，油热后放入葱末爆锅，然后倒入蛋液，鸡蛋成块后放入番茄，继续翻炒至番茄熟，加入盐，起锅。

白灼芦笋

食材 芦笋、儿童酱油、亚麻油各适量

做法

1. 芦笋去根，洗净，切成1厘米左右的小段，备用。
2. 将芦笋段放入开水中焯熟，捞出。
3. 滴上儿童酱油、亚麻油即可。

营养分析

　　芦笋在国际市场上享有"蔬菜之王"的美称，它富含多种氨基酸、蛋白质和维生素，其含量均高于一般水果和蔬菜，特别是芦笋中富含的微量元素，具有调节机体代谢，提高身体免疫力的功效。

肉末烧茄子

食材 瘦猪肉50克，茄子1个，水淀粉、儿童酱油各少许

做法

1. 茄子洗净，去皮，切成丁。瘦猪肉洗净，剁成末儿，用水淀粉抓匀。

2. 油热后下入茄丁，翻炒至茄丁发黄，盛出备用。

3. 下入肉末翻炒，至肉末颜色发白时加入茄丁和少许水。小火焖3分钟，加入少许儿童酱油即可出锅。

红烧带鱼

食材 带鱼1条，葱、姜各少许，料酒、儿童酱油、白糖各适量

做法

1. 带鱼洗净，切段。葱切段，姜切片。
2. 带鱼段入油锅炸至两面金黄后盛出，滤油。
3. 锅中留少许油，放入葱段、姜片煸出香味，放入煎好的带鱼段，烹入料酒去腥。
4. 加儿童酱油、白糖调味，加少许清水，中火烧3~5分钟即可。

营养分析

带鱼肉质细腻，味道鲜美，营养丰富，含17.7%的蛋白质和4.9%的脂肪，属于高蛋白低脂肪鱼类。带鱼富含人体必需的多种矿物元素以及多种维生素，是老少皆宜的滋补食品。

营养主食大搜罗

全麦小·馒头

 全麦粉、标准粉、酵母粉各适量

做法

1. 按照1:1的比例把全麦粉与标准粉混合，加入温水，并参照酵母粉使用说明书加入酵母粉，揉成面团，发酵数小时。
2. 将发好的面团蒸制成小馒头即可。

全麦粉颜色比普通面粉黑，口感较粗糙，但因为其保留了麸皮中大量的维生素、矿物质、膳食纤维，所以营养价值较高。偶尔给宝宝食用这种粗粮制品，具有通肠清便的作用，尤其适合便秘的宝宝。

糊塌子

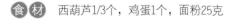

食材 西葫芦1/3个，鸡蛋1个，面粉25克

做法

1. 西葫芦洗净，用擦板擦成细丝，加少量盐，拌匀。

2. 打入鸡蛋，搅匀。筛入面粉，拌匀成糊状。

3. 平底锅擦一点油，舀一大勺面糊倒入锅中，摊匀，中小火煎2分钟。

4. 翻面，再煎2分钟，煎至面饼两面熟即可。

番茄鸡蛋面

食材 番茄1/2个，鸡蛋1个，面条50克

做法

1. 番茄放入热水中，去皮，切块。鸡蛋放入容器中打散成鸡蛋液。
2. 锅烧热，倒入少许植物油，加入鸡蛋液翻炒，盛出。
3. 加入番茄块，翻炒，出汁的时候放入炒好的鸡蛋，炒至汤汁变浓时，加少许盐出锅。
4. 将炒好的番茄鸡蛋连同汤汁浇在煮好的面条上即可。

肉酱通心粉

食材 肉末25克，通心粉50克，番茄1/2个，蒜1瓣，番茄酱适量

做法

1. 锅中放入清水，开锅后下入通心粉，煮熟后捞出备用。
2. 番茄切丁，蒜切末，备用。
3. 锅中放入少许植物油，爆香蒜末。
4. 放入肉末，翻炒，等肉末炒变色后加入番茄丁，继续翻炒至番茄丁出汁。
5. 加入番茄酱、盐翻炒片刻后，将炒好的肉酱盛出淋在煮好的通心粉上即可。

扬州炒饭

食材 适量熟米饭，鸡蛋1个，瘦鸡肉丁或
熟牛肉丁、火腿丁、黄瓜丁、熟豌
豆、胡萝卜丁、洋葱末，植物油、
盐各适量

做法

1. 鸡蛋打匀，炒熟备用。

2. 炒锅烧热，放入植物油，油热后炒洋葱
末。放炒熟的鸡蛋、瘦鸡肉丁或熟牛肉
丁、胡萝卜丁翻炒入味。

3. 加入适量的熟米饭继续翻炒，加入黄瓜丁
及熟豌豆，炒匀后放入盐，起锅。

第八章

让宝宝
更健康的
营养素

合理添加蛋白质

组成人体各组织器官最基本的单位是细胞，而细胞的最主要成分是蛋白质。蛋白质与生命的产生、存亡息息相关，蛋白质是生命的物质基础，没有蛋白质就没有生命。

从新生儿成长为成人，无论是身高的增长，体重的增加，还是各种组织的生长发育，衰老组织的更新，损伤后组织的修复，都离不开蛋白质。宝宝需要蛋白质主要用来构成和增长组织，也用来修复细胞以补充丢失，因此需要量较成人多。人体内消化食物和物质代谢过程中，需要的各种酶，体内调节生理活动，有着特殊生物功能的各类激素，它们也都是由蛋白质构成的，当缺少这些物质时，人体正常的生理功能便无法维持。人体要对抗外界细菌或病毒对机体的侵袭，就要产生一种对人体抵抗能力有着重要作用的抗体，它也是由蛋白质构成的，当蛋白质营养缺乏时，可使宝宝免疫功能下降，容易生病，蛋白质还能调节人体渗透压，也

是人体热能的来源之一。蛋白质既然对生命这样重要，年轻的父母就应该十分重视宝宝婴儿期蛋白质的供给。

一般来说，年龄越小，对蛋白质的需要量就越多。1岁以内的宝宝，人乳喂养每日每千克体重需供给蛋白质2.0克～2.5克。牛奶喂养者需供给3克～4克。1岁半的宝宝每天大约需要蛋白质35克，其中至少应有一半是动物蛋白。具体地说，1岁半的宝宝每天最好吃250毫升～300毫升牛奶，1～2个鸡蛋，30克瘦肉，一些豆制品，有条件可吃些肝、鱼，这样就基本能够满足宝宝生长发育所需的蛋白质了。

研究结果表明，构成蛋白质的基本单位是氨基酸，食物蛋白质中含有20多种氨基酸，其中有8种必需氨基酸，它们在人体内不能合成，必须从食物中获得。其余10多种氨基酸可以在体内合成，称为非必需氨基酸。因此每天膳食中必须注意添加含有必需氨基酸的蛋白质食品，例如奶类、蛋类、肉类和豆类食品，它们所含必需氨基酸的种类齐全，数量充足，相互间比例适当，能促进婴儿的生长发育。

能提供人体蛋白质的食物有两类：由动物性食物提供的蛋白质，称为动物性蛋白。由植物性食物提供的蛋白质，称为植物性蛋白。

动物性蛋白质生理价值高，是因为它们含有氨基酸，例如，人乳中的蛋白质最适合人体的需要，因此是宝宝的最好食品。肉

类蛋白质中所含的氨基酸组成接近人体蛋白质，用这种动物性蛋白质可以补充各类蛋白质的缺乏，适当地吃些肉类，对人体是有益的。鱼类蛋白质的含量在15％～20％，不在畜肉之下，它的必需氨基酸的含量以及相互之间的比值都和人体很相似，所以专家认为鱼肉的蛋白质的质量比其他肉类还要好一些。鸡蛋最突出的特点是具有优良的蛋白质，鸡蛋的蛋白质是动物蛋白质中质量最好的，它好消化，吸收利用率能达95％以上。

植物性蛋白中谷类在供给蛋白质方面有重要的意义。虽然它含的蛋白质不多，每100克含蛋白质7克～10克，但是我们每天吃谷类的数量较多，为250克～500克（成人），故可得到25克～50克蛋白质，但谷类蛋白质的生理价值并不高。如果能够在膳食中适量地添加豆制品，就可以基本满足人体对植物性蛋白的需求。黄豆类食品含蛋白质较高，它的蛋白质含量高达36.3％，而且质量好，有人把它称为蛋白质仓库。由于黄豆中含有其他谷类中缺乏的必需氨基酸较丰富，可以大大提高谷类蛋白质的生理价值。

如果食物中蛋白质供给不足，宝宝就不能正常生长，人体将会丧失应有的生理功能，但如果供应过量，对人体健康也不利，吃蛋肉过多时，多余的蛋白质只能作为热量消耗掉，产生过多的含氮废料如尿素和尿酸，并会增加肾脏的负担。过多的蛋白质会使大肠里的细菌腐败作用加强，产生有毒物质如胺，若积于大肠内，对身体有害。

健康不能缺少的物质——矿物质

人体内含有许多种矿物质，虽然需要的数量不多，每天只有几克、几毫克甚至几微克，但这些盐类在身体的体液中解离出的各种离子都有着各自的特殊功能，是维持人体正常生理机能不可缺少的物质，它不供给热量。人体内的矿物质分为常量元素和微量元素两类，常量元素有钙、磷、钠、钾等；微量元素有铁、锌、铜、碘等，每种元素在调节生理机能方面都有着极其重要的作用，它们的缺乏或者太多都会造成人体功能失调，甚至影响人的生命。其中与婴儿关系最大的有钙、铁、钾、碘、锌、钠等。

众所周知，食盐的主要成分是钠和氯，体液需要保持比较稳定的渗透压力，钠和氯离子起着决定性作用。渗透压过高或过低都会发生机体功能紊乱甚至影响生命。缺乏钠会造成体液渗透压过低，出现尿多、浮肿、乏力、恶心、心力衰竭等。当钠过高造成体液渗透压升高时，发生口渴、少尿、肌肉发硬、抽风、昏迷甚至死亡。而体内钾离子过多或过少都会发生全身肌肉无力、瘫软、心跳无力、心力衰竭、精神萎靡不振、嗜睡、

昏迷甚至死亡。婴儿时期严重的呕吐、腹泻现象，常导致钠、钾离子的失常。钙是骨骼和牙齿的主要成分，如果供应不足或钙的吸收不良均会发生佝偻病，严重者发生抽风、肌肉震颤或心跳停止。铁是人体血红蛋白和肌红蛋白的重要原料，铁摄入不足，就会发生缺铁性贫血而影响氧气的运输，影响生长发育。锌在人体内可构成50多种酶，还构成胰岛素，促进蛋白质合成和生长发育，缺锌会患矮小症、贫血，出现生长停滞、皮肤损伤。碘维持甲状腺的正常生理功能，制造甲状腺素，缺乏时导致甲状腺功能低下。

矿物质是生活的必需品，更是人体健康不能缺少的物质，在婴儿的膳食中，家长必须注意适量补充矿物质。

给早产儿补充维生素的要点

妊娠后期是胎儿完成微量元素正常体内储备所必须经历的重要阶段，妊娠后期钙、磷蓄积量占其总蓄积量的80%，锌的储存量为250微克/千克/天，铁的再吸收也通常发生在临近足月时。

早产儿过早分娩出来使胎儿不能在妊娠后期从母体中获得足量的体内储备，而早产儿妈妈的母乳中钙磷含量少，即使是足够母乳喂养，钙的摄取量也只是胎儿后期的1/3~1/2，加之胆酸分泌不足，脂溶性维生素D的吸收偏低，因此胎龄越小的早产儿越易发生缺钙，而且早产儿生长速度快于足月儿，易发生缺钙性佝偻病。所以，钙剂和维生素D是早产儿最需要补充的物质，每天每千克体重应该补充钙100毫克，而维生素D的补充主要来自于鱼肝油，从出生后第2周起，维生素D的每日供给量为800国际单位~1200国际单位，但应注意鱼肝油中还含有维生素A，维生素A的剂量每日不能超过10000国际单位。在补钙之前应该先补足锌，宝宝每日需要锌3毫克，而母乳中除了初乳外，锌的含量都不足，故在出生后4周开始补充。出生后6~8周起，每日补铁2毫克/千克，以利于红细胞的生成。

另外母乳中维生素E、维生素C、B族维生素及叶酸的含量不足，而早产儿对这些维生素的需求量相对较大，这些营养素是保证早产儿智力体格发育所必需的，如不及时添加就会造成营养素的缺乏，从而不利于早产儿智力的发育。早产儿从出生后10天起，每日可补充维生素E 15毫克。出生后2周起，每天补充叶酸20微克~50微克。另外，B族维生素、维生素C也要适当补充，一般每日供给量为B族维生素65毫克，维生素C 50毫克，分2次给予。

早产儿大脑内长链多价不饱和脂肪酸的含量也较正常儿少，而且早产儿神经系统生长发育快，对这种物质的需求量较大，所以妈妈应多进食鱼类以保证母乳中长链多价不饱和脂肪酸的含量。

预防宝宝缺锌

锌是维持人体生命必需的微量元素之一，蛋白酶、脱氢酶等几十种酶的合成离不开它，锌在体内能影响核酸和蛋白质的合成。参与糖、脂类和维生素A的代谢。与机体的生长发育、免疫防御、伤口愈合等机能有关。如果锌缺乏，就会发生一些疾病或引起婴儿生长发育障碍。我国的膳食以谷类为主，目前由于绝大多数婴儿都是独生子女，普遍存在着父母对子女的溺爱及子女的不良饮食习惯，即偏食、挑食，以及生长发育过快而导致营养物质相对不足，易患消化道疾病，导致锌在肠内吸收减少等因素，因此在婴儿时期容易发生慢性缺锌症。与其等到发现锌缺乏后再来服药治疗，不如及早预防缺锌。其实，在一般情况下，如果喂养合理，就不至于造成锌缺乏。

正常人每天需要一定量的锌，5个月以下宝宝大约3毫克／日，5～12个月5毫克／日，1～10岁10毫克／日，成人15毫克／日，孕妇妊娠及哺乳期需要量略多，大约20毫克／日～25毫克／日。只要注意经常喂食含锌多的食物，就可以满足婴儿机体对锌的需要量。瘦肉、肝、蛋、奶及奶制品和莲子、花生、芝麻、胡桃等食品含锌较多，海带、虾类、海鱼、紫菜等海产品中也富含锌。其他如荔枝、栗子、瓜子、杏仁、芹菜、柿子、红小豆等也含锌较多。科研结果表明，动物性食物含锌一般比植物性食物要多，吸收率高，生物效应大。此外，在宝宝发烧、腹泻时间较长时，更应注意补充含锌食品，以预防锌缺乏症。

如果怀疑宝宝缺锌时，一定要去医院检查血锌或发锌，确诊为缺锌时才可服药治疗。补锌量按每日补充元素锌1毫克／千克～2毫克／千克体重计算。葡萄糖酸锌颗粒冲剂适合于婴儿，一个疗程为1～3个月，

具体用量应在医生指导下服用，与此同时，还要积极查明病因，改进喂养方法，注意膳食平衡。一旦症状改善，就应调整服锌剂量或停药，切不可把含锌药物当成补品给宝宝吃，也不可把强化锌食品长期给宝宝食用，以防锌中毒。

★哪些宝宝容易缺锌

先天储备不良、生长发育迅速、未添加适宜辅食的非母乳喂养宝宝、断母乳不当、爱出汗、饮食偏素、经常吃富含粗纤维的食物都是造成缺锌的因素。胃肠道消化吸收不良、感染性疾病、发热患儿均易缺锌。另外，如果家长在为宝宝烹制辅食的过程中经常

添加味精，也可能增加食物中的锌流失。因为味精的主要成分谷氨酸钠易与锌结合，形成不可溶解的谷氨酸锌，影响锌在肠道的吸收。

对缺锌宝宝首先应采取食补的方法，多吃含锌量高的食物。如果需要通过药剂补充锌，应遵照医生指导进行，以免造成微量元素中毒，危害宝宝的健康，比如，大量补锌有可能造成儿童性早熟。当膳食外补锌量每天达到60毫克时将会干扰其他营养素的吸收和代谢。超过150毫克可有恶心、呕吐等现象。

★先补锌再补钙

锌还有"生命之花""智力之源"的美誉，对促进宝宝大脑及智力发育、增强免疫力、改善味觉和食欲至关重要。所以营养专家提出：补钙之前补足锌，宝宝更健康、更聪明。我们知道，生长发育的过程是细胞快速分裂、生长的过程。在此过程中，含锌酶起着重要的催化作用，同时锌还广泛参与核酸、蛋白质以及人体内生长激素的合成与分泌，是身体发育的动力所在。先补锌能促进骨骼细胞的分裂、生长和再生，为钙的利用打下良好的基础，还能加速调节钙质吸收的碱性磷酸酶的合成，更有利于钙的吸收和沉积。如果宝宝缺锌，不仅无法长高，补充的钙也极易流失。

人体内的各种微量元素不仅要充足，而且要平衡，一定要缺什么补什么，不要盲目地同时补充。如果确实需要同时补充几种微

量元素，最好分开服用，以免互争受体，抑制吸收，造成受体配比不合理。钙和锌吸收机理相似，同时补充容易产生竞争，互相影响，故不宜同时补充，白天补锌、晚上补钙效果比较好。目前，市场上有不少补充锌的制剂，如葡萄糖酸锌等。宝宝在喝这些制剂时，除了要注意和钙制剂分开来喝以外，也要和富含钙的牛奶和虾皮分开食用。

对生长发育有益的营养素

★壮骨五要素

锌元素能够促进骨细胞的增殖及活性，并可以加速新骨细胞的钙化。宝宝如果缺锌，不仅会出现智能、心理发育的障碍，而且骨骼发育也会变慢，表现为骨细胞成熟迟、密度低，由此而影响到坐、爬、站、走等动作的发育。宝宝对锌元素的需求量虽然不大（大约每天每千克体重需0.3毫克～0.6毫克），但不可缺少。肉类、鱼类以及其他海产品类等食物含锌元素较丰富。

镁也是构成骨骼和牙齿的成分，对所有的细胞代谢过程都有很重要的作用，在骨骼的生长发育中起间接调控作用。镁与钙同时缺乏时可导致手足抽搐症，表现为骨骼过早老化、骨质疏松、软组织钙化等。绿色蔬菜、水果、番茄、海藻、豆类、燕麦、

玉米、坚果类等食品含镁比较丰富，可适当选择。

锰是软骨生成中不可缺少的辅助因子，但大多数人对锰元素都很陌生。缺锰可引起硫酸软骨素的合成障碍，从而妨碍软骨生长，造成软骨结构和成分的改变，最终导致骨骼畸形。另外缺锰也可通过影响骨钙调节而引起新骨钙化不足，从而导致骨质疏松。此期的宝宝每天需要锰1.5毫克～3毫克，动物性食品中含锰较少，但吸收率高，而植物性食品中含锰较多但吸收率低，宝宝只要不偏食、择食，即可摄取足量的锰元素。

铜对制造红细胞、合成血红蛋白以及铁的吸收等方面都有很重要的作用，而且与骨

骼形成也有关系。缺乏铜不仅可引起贫血、心脏病、糖尿病甚至癌症，并且还可累及骨骼，常有骨骼发育异常的现象，表现为骨皮质变薄、骨松质减少、骨骺增宽，最终导致广泛性骨质疏松，以至于骨骼在外力作用下容易变形或折断。缺铜还可影响骨磷脂的合成，致使新骨生成受到抑制，而导致身材矮小。此时的宝宝每天铜的需要量约为1毫克，坚果类、海产品、动物肝、小麦、干豆类、根茎蔬菜、鹅肉、牡蛎等含铜较多，可适当增加这些食物在宝宝三餐中的比例。

★维生素A可预防感冒

维生素A不仅对成人是一种不可缺乏的营养素，对宝宝的生长也很重要。维生素A如果摄取不足时，宝宝易患感冒和视力减退。因为维生素A除了能抵抗病菌外，还是保护眼睛健康所必需的营养素之一。宝宝对维生素A的需要量是：未满1岁时一天需要1300国际单位。1～5岁时一天需要1500国际单位。

一般人所需要的维生素A，80%都是从绿色、橙色，以及黄色蔬菜中摄取的。而凡是绿橙黄色蔬菜都含有叶红素，叶红素在人体内有1/3会变成维生素A。也就是说，摄取3000国际单位的叶红素，可以变成1000国际单位的维生素A。小孩大都不喜欢吃蔬菜，尤其是像胡萝卜或菠菜之类的蔬菜，因此父母在烹调上就必须花点心思才行，如在粥、米糊中加胡萝卜泥、菜泥，让宝宝喝菜汁、果汁等。如果家长觉得自己的宝宝常常感冒，而且每次感冒都很难治好，或宝宝的视力不好，且有眼睛发红等现象，建议你多给宝宝补充含维生素A的食物。含较多维生素A的食物有：牛肝、猪肝、胡萝卜、菠菜、芹菜、小白菜、奶油等。

★避免宝宝缺乏维生素B_1的小妙招

不要经常给宝宝吃精米、精面，因为精米精面加工过细，损失了很多维生素B_1。

不要让宝宝养成挑食、偏食的不良饮食习惯，饮食也不要过于单调，否则容易造成营养素摄取不均衡。

淘米时水温不要过高，更不要用热水烫洗；采用蒸或煮的烹调方法，会大大减少维生素B_1的损失。

煮粥前不要把米在水中浸泡过久，不给宝宝吃丢弃米汤的捞饭。

蛋类最好蒸成蛋羹或煮着吃。

把面粉做成馒头、面包、包子、烙饼时，维生素B_1丢失得最少，尽量避免油炸面

食，如小油饼等，因为油炸的烹饪方式几乎会使维生素B$_1$被全部破坏掉。

洗菜时不要长时间浸泡蔬菜，做汤时等到水开后再下菜，不要煮太久，在开水中稍烫一下即可。

维生素B$_1$是宝宝生长发育中不可缺少的营养素之一。宝宝缺乏维生素B$_1$，就会表现出消化、神经及循环系统的各种症状，特别是出汗多时更容易丢失维生素B$_1$。因此，妈妈在喂养宝宝时，要注意在饮食上安排富含维生素B$_1$的食物，同时还要掌握正确的烹调方法，以免宝宝缺乏维生素B$_1$。

★维生素B$_2$对宝宝的健康作用

人体新陈代谢需要许多酶的参与，维生素B$_2$是这些酶的组成成分。它可与一些特定蛋白质结合，形成黄素蛋白，成为人体必需的一种生长因子，对生长发育起决定性作用，是宝宝生长发育和维持身体健康不可缺少的一种营养素。维生素B$_2$耐热力很强，烹调时不必过分担心含量会损失。不过，维生素B$_2$对光线特别敏感，特别是紫外线。因此，不要把富含维生素B$_2$的食物放在阳光照射的地方。一般来讲，人体对维生素B$_2$的需求量，只要从富含核黄素的食物中摄取也就足够了。如果发生口角炎或舌炎等，则表明长时间没有吃富含维生素B$_2$的食物。

宝宝生长发育得很快，身体容易缺少维生素B$_2$，从而引起口角炎、舌炎、脂溢性皮炎、睑缘炎等，因此，妈妈应注意在饮食中让宝宝多补充。

★维生素C有助于健康健美

被称为"美容维生素"的维生素C，除了有美容的作用之外，对宝宝的健康发育也起到很大的作用。它可以使细胞的呼吸更活泼，还能使钙质沉淀。钙质在牙齿和骨骼的制造过程中是不可缺少的要素，因此对于成长期的宝宝，维生素C就是健全骨骼和牙齿的重要营养素。一旦缺乏维生素C，宝宝的牙齿和骨骼的形成就会受到阻碍。尤其1周岁以内的宝宝，每个月都要长高几厘米，后期又面临长出牙齿，千万要注意为宝宝提供充足的维生素C。另外，维生素C不足时，人体组织对病菌的抵抗力也比较弱，容易感冒；若身体一旦受伤，伤口也较不容易愈合。一般宝宝对维生素C的需要量是：未满1岁时一天需要35毫克。1～5岁时一天需要40毫克。在新鲜的蔬菜、水果、荷兰芹、辣椒、青椒、菠菜、草莓等食物中都含有很丰富的维生素C。为了不破坏维生素C，必须特别注意烹调的方法。因为维生素C很容易溶于水又不耐热，所以煮过的蔬菜，其中维生素C的含量大约会被破坏50%～60%。因此要保持蔬菜中维生素C含量的烹调法是，用高温而短时间的烹调。

值得注意的是，有些蔬菜和水果用果汁机打碎时，维生素C在一分钟内会全部被破坏，而维生素B$_1$在十分钟内大约会被破坏1/2以上，

所以，喝果汁要趁新鲜，不要存放太久。

★巧补维生素C小妙招

对于维生素C特别容易被破坏掉的蔬菜，如胡萝卜、南瓜、青椒等，烹调时可蘸上面粉油炸，这样不仅能保持维生素C的含量，易被肠道吸收，而且味道也容易让宝宝喜欢。

把可生吃的蔬菜，如小黄瓜、胡萝卜，或白菜、花菜用水焯一下捞出，将橘子、苹果、草莓、菠萝等水果切小块，加沙拉酱或酸奶与蔬菜搅拌均匀，做成沙拉给宝宝吃。

年龄较小或肠胃较弱的宝宝生吃蔬菜不易消化吸收，反易伤肠胃，因此适宜吃煮熟的蔬菜。不过，煮菜时最好少加水，吃时连菜带汤一起吃。

萝卜叶中的维生素C含量很高，妈妈做菜时最好不要扔掉，可炒热菜或做汤，也可焯一下凉拌着吃，味道很好。维生素C又称为抗坏血酸，它是人体不可缺少的营养素，对于宝宝的生长发育尤为重要。它能够促使钙质沉积在牙齿和骨骼上，维持它们的正常生长。可促使铁质在肠道吸收，防止发生缺铁性贫血。能够增强宝宝身体的抵抗力，避免经常感冒发烧。因此，妈妈一定要注意让宝宝摄取。

★维生素D有助于强壮骨骼

宝宝身高增加、身体硬朗，就表示骨骼在发育。如果骨骼脆弱的话，对宝宝的成长有极为负面的影响。宝宝的行动看起来会显得较软弱，直立时间比别的宝宝晚，行走时间也较晚。而维生素D不足时，除了宝宝的骨骼会变得脆弱外，发育也会受到阻碍，严重者甚至会形成佝偻症、软骨病等。患佝偻症的原因是维生素D的不足，造成骨骼脆弱，使之无法承受整个身体的重量，使骨头呈现弯曲的症状。钙质与骨骼的发育息息相关，但人体内的钙质不论怎么充分，也无法单独制造出强健的骨骼，必须要维生素D和磷的帮助。维生素D可以帮助肠壁吸收钙质或磷，换句话说，只要体内有充分的维生素D，人体摄入食物中的50%～90%的钙质就会被吸收。但是如果维生素D不足，就只能吸收到20%以下。简言之，如果没有磷和维生素D，光凭钙质也不能制造强健的骨骼。除了某些食品中含维生素D以外，太阳光的照射也有助于人身体内自主产生大量的维生素D。因为人的皮肤里有一种物质，在受到紫外线照射时就会转化为维生素D，因此多晒太阳，可以获得维生素D。由于周岁内的宝宝骨骼生长迅速，特别容易缺钙或维生素D，所以父母要经常带他出去晒太阳，尤其是家居城市、室内日光照耀不足的人家。不论宝宝或成人，每天至少要摄取1400（国际单位）的维生素D。

第九章

轻松提高宝宝
日常饮食品质

讲究饮食卫生

坚持饭前要洗手的习惯，并且要经常给宝宝剪指甲，手才易洗净。

宝宝的餐具在使用前，必须烫洗干净，最好单备一套。有传染病（尤其结核病及肝炎）的家人，必须实行严格隔离，不宜和宝宝一起吃饭。

不宜吃不新鲜的饭菜，不宜吃过于油腻的东西，因为宝宝对脂肪的消化功能尚不强。过酸或过咸的菜也不宜吃，口味要清淡而香甜可口。如偶尔吃一点儿咸菜、腌鱼、腌肉或咸鸭蛋，在调剂口味上也是需要的，并可激起食欲。

注意口腔清洁卫生，这时期宝宝已长有20颗乳牙，早晚要学会漱口，渐渐地学会正确地刷牙。牙刷要选择适合宝宝使用的，等宝宝

学会刷牙后，可以用点儿牙膏。口腔保持清洁，不但使牙生长坚固，而且有助于消化。

含铁强化食品的选择

为满足人体中营养素的需要，将一种或几种营养素添加到食品中去，从而补充天然食品中某些营养成分的不足，这种经过添加营养素的食品叫强化食品。

现在强化食品种类繁多，如高碘蛋、维生素AD牛奶、宝宝配方奶、含铁饼干、加钙奶等。由于我国婴幼儿缺铁性贫血的患病率高，铁强化食品的品种也越来越多，从铁强化饼干、铁强化奶粉、代乳粉，到含铁糖果、含铁饮料、含铁面包，以及铁强化酱油、铁强化食盐等。这些食品父母该不该买，又应该怎样选购呢？

提倡给婴儿吃大自然提供给人类的各种食物。宝宝的膳食中，要做到食物品种多样化、数量足、质量高、营养全。食物营养素含量比例合适；烹调、制作科学合理。在良好饮食的基础上，婴儿能获得全面、合理的营养，通常不会发生营养性贫血。此时，根本不必要吃铁强化食品。

铁强化食品既不是营养药，也不是预防的保健药品，家长不应随意购买，将它当作一般食品给宝宝吃，否则会引起铁过量。

婴幼儿做健康检查后，家长根据检查结果和饮食情况，在医生指导下，给宝宝适当服用铁强化食品。服用前，家长要了解食品中铁的含量、每日用量，要避免因家长不控制婴儿食量，短时间内进食大量铁强化食品而引起的铁中毒。

总之，如宝宝平日获得的营养素很全面，生长发育良好，不吃强化食品也可以。即使缺乏某营养素也应在医生指导下，按照合理的添加量及添加方法给宝宝食用，不要盲目地多吃，以免产生适得其反的结果。

如何科学地对待宝宝的保健食品

目前市场上有许多名目繁多的保健食品，家长爱子心切，往往认为让宝宝吃越多的保健食品就越健康。保健食品对改善食品结构，增强人体健康可以起到一定作用，但必须合理使用，否则，滥食过量反而会破坏体内营养平衡，影响人的健康。对宝宝更应注意，必须按不同年龄，不同需要，有针对性地进行选择，缺什么补什么，并要合理地搭配，对症使用，切不可盲目食用。

保健食品可分为滋补性食品与疗效食品两大类。按生产方法可分为：以天然食品为主要原料的天然保健食品，如沙棘、黑加仑、猕猴桃、椰子等，这些食品安全可靠，

对人体无副作用；另一类是对食物进行营养强化，加入一定量的氨基酸、维生素及矿物质等，来提高食品的营养水平，如维生素A、维生素D强化牛奶、强化矿物质、强化维生素、强化氨基酸、赖氨酸饼干、魔芋面食等。这些保健食品中强化了一些健康机体必须具备的营养，对于宝宝来说，可能具有强壮体魄的作用。然而在自然界的一些天然食物中含量尚不丰富的营养物质，处在正常生长发育中的宝宝是否需要加强呢？

对这个问题尚有一些争论。许多专家认为：正常发育的儿童只要不挑食、不偏食，平衡地摄入各种食物，那么他就可以均衡地获得人体所需要的各种营养物质，而无须再补充什么保健食品。某些保健食品确实对机体某些方面有积极作用，但人体只有处在一个各类物质均衡的状态中才能保持健康，单方面地强化某一方面的功能，势必打破机体的平衡，反而对健康不利。如现代生化研究证实，赖氨酸可以增加人体对蛋白质的利用率，对儿童的生长发育有促进作用。为此，导致近几年来世界上赖氨酸产量直线上升。但大量摄入赖氨酸后，人们会食欲减退，体重不增，生长停滞，生殖能力降低，抗病力差，体内还会出现负量平衡。因此不能一味地依赖保健食品。

如果不考虑宝宝的实际情况与保健品的成分、功能，盲目给宝宝进补，会给宝宝的生长发育带来危害：

有利于人体健康的保健食品。当然如果一个宝宝因长期患病而食欲低下，那么在他病后可以考虑给予一些相应的保健食品，但时间也不宜过长。

食用时必须征求医生意见，不能以保健食品代替药物治疗，健康宝宝不要吃疗效食品，并须注意食品的质量和出厂日期、保质期限。至于含激素类的保健品，对儿童来说，绝非保健品，不可滥用，否则可导致不良后果。

1.性早熟

保健品的成分复杂，部分保健品中含有性激素类物质，儿童服用有引起性早熟的危险。

2.延缓生长发育

保健品服用过多能干扰宝宝的消化吸收能力。在儿童营养和热量已经充足时额外增加补品，并不能达到补益的效果。过量服用营养补品还可能干扰宝宝的胃肠功能，降低食欲，有些儿童服保健品的结果是影响了正常的生长和发育。

3.导致疾病

过量服用保健品还会引发疾病或危害宝宝健康。如近年曾发生儿童因服用维生素过量而中毒的情况，这是因为家长害怕宝宝缺乏维生素，长期给宝宝大量服用所致。

从广义上讲，平衡摄取的各类食品就是

吃鱼使宝宝更聪明

从5个月开始，可适当给宝宝添加辅食，并可在米糊等辅食中加入鱼肉末，吃鱼对宝宝大脑发育是极有好处的。

民间流传着"多吃鱼会变聪明"的说法，事实上这一点在科学上也获得了验证。鱼类中含有三种营养素：苏氨酸，内含于鱼肉的蛋白质苏氨酸能在大脑内变成两种神经元传导资讯时所需的生化传导物，即多巴氨酸与去甲肾上腺素。当上述两项充足时，大脑即有敏锐的思考能力和清醒明确的反应。阿琳那酸，内含于鱼脂里，它能使血液在大脑血管中流动顺畅，并能使大脑神经元的细胞膜健全。矿物质包括硫、锌、铜、镁、钙、钠，含于鱼骨、鱼身里，这些具有抗氧化功能的矿物质能保护大脑细胞少受伤害，并能发挥智能提升功能。

一般说来，大部分的鱼都有相当含量的蛋白质苏氨酸和抗氧化的矿物质，只有阿琳那酸含量个别差异较大。而含阿琳那酸的鱼类大多属于深海鱼类，鱼肉的颜色较深。如鲑鱼肉呈红橙色、鱿鱼肉呈桃色、鲭鱼肉呈浅棕色等。怎样料理才能保存较多的营养素呢？吃生鱼最能摄取到全部鱼身上所含的营养素，但是这只是就理论上来说，因为若处理不当，很可能连病菌寄生虫都吞了下去，对宝宝而言，更是不宜了，所以要以熟食为宜。仅添加葱、姜、盐、胡椒等调味料，再用微波炉烤熟，或蒸锅内蒸熟即可。蒸的鱼肉保有的营养素比用微波炉料理的稍少，但仍不失为一种不错的烹饪法。水煮的方式来烹调鱼也可以。烘烤鱼也仍差强人意，但这不适宜婴儿吃。千万不要油炸，否则鱼的营养素就被破坏光了。

饮料不宜多喝

打开电视，就不难发现各式各样、五花八门的饮料出现在广告上，看得人眼花缭乱。碳酸饮料、茶饮料、果汁、功能性饮料、奶茶、运动饮料、矿泉水等，还不断地在推陈出新。市面上的饮料种类繁多，销售量也与日俱增，很多成人在不自觉中，一天都会喝上几瓶。例如：早上一杯咖啡，中午来盒果汁，累了来罐可乐，晚上为了提神也

少不了茶饮料。这些饮料的味道都不错，但如果饮用过度，实在有碍健康。因为这些饮料的主要成分不外乎水和糖质，某些饮料更含有咖啡因，至于矿物质和维生素可以说是完全没有了。还因为这些饮料中含有相当多的糖质，卡路里很高，摄取过多会造成食欲缺乏或肥胖症。不少家庭内，宝宝四五个月以后就接触这类饮料了，尤其外出时，宝宝一渴，大人就给买了解渴。其实这类的饮料，小孩最好不要饮用；家长可以用牛奶或现榨的果汁代替饮料。还是要让宝宝养成多喝白开水的习惯，因为它才是机体真正需要的。

不要给宝宝多吃甜食

一说起甜食，人人都知道它会损害牙

齿。研究证实，过多吃甜食对宝宝健康的影响不只是损害牙齿。当宝宝出现一些找不到原因的健康问题时，也许就是甜食引起的麻烦。

★甜食是营养不良的罪魁祸首

各式糖果、乳类食品、巧克力、饮料等以甜味为主的食品含蔗糖较多，蔗糖是一种简单的碳水化合物，营养学上把它称为"空能量"食物。它只能提供热量，并且很快被人体吸收而升高血糖。甜食吃多了，随着血糖的升高，自然的饥饿感消失，到吃正餐时宝宝自然就不会好好吃饭了。而人体真正的

营养均衡只能从正餐的饭菜中获得，不好好吃饭无疑会缺乏各种营养，长期营养不良会影响生长发育。所以，一定不要在正餐前给宝宝吃甜食，可以在加餐时适量吃一些水果或者甜食。

★甜食容易造成免疫力下降

人体免疫力受到很多因素的影响，如饮食、睡眠、运动、压力等。其中饮食具有决定性的影响力，因为有些食物的成分能够刺激免疫系统，增强免疫功能，如谷物中的多糖和维生素，番茄、白薯和胡萝卜中的β-胡萝卜素等。如果宝宝因为甜食吃得太多影响了正常的饮食，长期缺乏这些重要营养成分，会严重影响身体的免疫机能。

★甜食可影响视觉发育

一般认为，近视的形成是由某些遗传因素、不注意用眼卫生、长时间眼疲劳造成的，但医学研究发现，吃过多的甜食同样可以诱发近视。近视的形成与人体内所含微量元素有很大关系，过多吃糖会使体内微量元素铬的含量减少，眼内组织的弹性降低，眼轴容易变长。如果体内血糖增加会导致晶状体变形，眼屈光度增加，形成近视眼。另一方面，吃糖过多会导致宝宝体内钙含量减少，缺钙可以使正在发育的眼球外壁巩膜的弹力降低。如果再不注意用眼卫生，眼球就比较容易被拉长，形成儿童轴性近视眼。富含维生素B_1的食物可以帮助预防视力下降，

比如奶制品、动物肝肾、蛋黄、鳝鱼、胡萝卜、香菇、紫菜、芹菜、橘子、柑、橙等都富含维生素B_1。

★甜食容易造成骨质疏松

宝宝吃了过多的糖和碳水化合物，代谢过程中就会产生大量的中间产物如丙酮酸，它们会使机体呈酸中毒状态。为了维持人体酸碱平衡，体内的碱性物质钙、镁、钠就要参加中和作用，使宝宝体内的钙质减少，宝宝的骨骼因为脱钙而出现骨质疏松。日本营养学家认为，儿童吃甜食过多是造成骨折率上升的重要原因。此外，如果体内的钙不足，宝宝可能出现肌肉硬化、血管平滑肌收缩、调节血压的机制紊乱等症状。

★甜食容易导致肥胖

糖类在体内吸收的速度很快，如果不能被消耗掉，很容易转化成脂肪储存起来。在婴儿期更是如此，如果宝宝很喜欢吃甜食又不喜欢运动的话，可能很快会变成小胖子。

★甜食容易造成入睡困难

吃过多甜食对睡眠也有不良影响，其原因包括消化系统和神经系统两方面。甜食造成的消化功能紊乱会让宝宝感觉腹部不适，这种不适感在夜间会放大，进而使宝宝无法放松入睡。

★甜食容易引发内分泌疾病

如果宝宝一直过多食用含糖量很高的甜食，就会引发许多潜在的内分泌疾病。比如，糖分摄入过多，血糖浓度提高，会加重胰岛的负担，胰岛长期承受压力，有可能导致糖尿病。摄入大量甜食，导致消化系统功能紊乱，消化道出现炎症、水肿，这时如果十二指肠压力增高，引发胰液排出受阻和逆流，胰酶开始消化胰腺自身组织，会造成急性胰腺炎。

★甜食容易造成性格偏激、浮躁

甜食还会导致宝宝容易发脾气，嗜好甜食的宝宝不但变得性格古怪，而且好动，注意力不集中，学习成绩也不好，会影响宝宝的一生。

★甜食容易引发一些皮肤病

甜食含有大量的蔗糖、果糖等成分，当进食甜食后人体血糖超过一定程度，就有可能促使金黄色葡萄球菌等化脓性细菌生长繁殖，从而引发疔疮、痱子等。而当糖在体内分解产生热量时，会产生大量丙酮酸、乳酸等酸性代谢物，使机体呈酸性体质。这种情况下的皮肤，不仅容易感染发炎，还可引起其他一些儿童期疾病，如软骨病、脚气病等。

吃零食要讲究方法

零食选择不当或吃多了会影响宝宝进食正餐，扰乱宝宝消化系统的正常运转，引起消化系统疾病和营养失衡，影响宝宝的身体健康。因此，吃零食要讲究方法，要适时适量、适当合理地给宝宝吃零食：

★适时适量

吃零食的最佳时间是每天午饭、晚饭之间，可以给宝宝一些零食，但量不要过多，约占总热量供给的10%~15%。零食可选择各类水果、全麦饼干、面包等，量要少、质要精、花样要经常变换。

★适当合理

可适量选择强化食品：如缺钙的宝宝可选用钙质饼干；缺铁的选择补血酥糖；缺锌、铜的宝宝可选用锌、铜含量高的零食。但对强化食品的选择要慎重，最好在医生的

指导下进行，短时间内大量进食某种强化食品可能会引起中毒。不要用零食来逗哄宝宝，更不能宝宝喜欢什么便给买什么，不能让宝宝养成无休止吃零食的坏习惯。

宝宝不宜多吃味精

味精是增加菜肴鲜味的主要调味品，它不仅使菜肴美味鲜香，而且还是人体必需的营养素。它是从含蛋白质、淀粉丰富的大豆、小麦等原料中提取的谷氨酸钠制成的，人体食入后可转变为L-谷氨酸，是蛋白质最后的分解物，能直接被人体吸收利用，并有促进脑细胞、神经细胞发育的作用。但正因为味精的主要成分是谷氨酸钠，所以宝宝不宜多吃味精。医学专家研究发现，大量食入谷氨酸钠能使血液中的锌转变为谷氨酸锌，从尿中过多地排出体外。锌是人体重要的微量元素，具有维持人体正常发育生长的作用，对于婴儿来说更是不可缺少。一旦造成急性锌缺乏会导致弱智、暗适应失常、性早熟、成年侏儒症等发育异常。

一些父母见宝宝厌食或胃口不好而不愿吃饭，就在菜中多加些味精，以使饭菜味道鲜美来刺激宝宝的食欲，这种做法是不可取的。同时家长应给宝宝多吃些富含锌的食物，含锌丰富的食物有牡蛎、鲱鱼、瘦肉、

动物肝脏、豆制品、花生、苹果、茄子、南瓜、萝卜等。

高蛋白摄入要适量

宝宝总是发热很可能是高蛋白摄取过多所致。过多食用高蛋白食物，不仅逐渐损害动脉血管壁和肾功能，影响主食摄取而使脑细胞新陈代谢发生能源危机，还会经常引起便秘，使宝宝易上火，引起发热。每日三餐要让宝宝均衡摄取碳水化合物、蛋白质、脂肪等生长发育的必需营养素，不可只注重高蛋白食物。

脂肪摄入要适量

脂肪是体内产生热量最高的热源物质，1克脂肪可产生9卡的热量，比蛋白质或碳水化合物氧化产生的热量高1.25倍。人体摄入热量过多时，可以以脂肪的形式储存起来，成为体脂，好像是储存能量的燃料库，当人体营养物质供应不足或需要突然增加时，就可以随时动用，以保证机体热量的供给；人体的脂肪还有保暖作用，防止体温的散失，维持体温正常；脂肪还具有保护组织和器官的功能，如心脏的周围，肾脏的周围，肠子之间都有较多脂肪，可以防止这些器官受到外界的震动和损害；脂肪还是一种良好溶剂，帮助人体溶解和吸收脂溶性的维生素，如维生素A、维生素D、维生素E等。

一些类脂质，如磷脂和胆固醇是形成人体细胞的重要物质，尤其在脑和神经组织中最多，是维持神经系统功能不可缺少的物质，其中胆固醇是胆汁的主要成分，缺少胆汁会影响脂肪消化。在膳食中，脂肪能改善食物的感官性状，增加食欲。

膳食中缺乏脂肪，宝宝往往食欲缺乏，

体重增长减慢或不增，皮肤干燥脱屑，易患感染性疾病，甚至发生脂溶性维生素缺乏症；脂肪摄入过多，宝宝易发生肥胖症。因此，宝宝膳食中脂肪摄入要适量。迄今为止，脂肪的每日供给量尚无统一规定，我国儿童营养学专家认为儿童脂肪供给量一般以占每日热量供给量的25%～30％为宜。宝宝单位体重需要热能高，每千克体重每天约需脂肪4克，膳食中的脂肪，包括烹调用油和各种食物本身所含的脂肪。脂肪进入人体后，被分解成脂肪酸。食物中的脂肪酸分为饱和脂肪酸和不饱和脂肪酸两类，后者有些不能在人体内合成，称为必需脂肪酸，母乳和植物油中的不饱和脂肪酸含量高，因此母乳喂养

和吃植物油可以摄入较多的必需脂肪酸；宝宝配方食品中加有植物油，它也是脂肪营养价值高的膳食。

宝宝应少吃盐

众所周知，食盐对人体具有不可忽视的重要性。但食盐也像其他的元素一样，绝不能多食。

食盐的主要成分是钠和氯，它对人体的作用是维持人体的渗透压。研究资料表明：成人感到咸味时，氯化钠的浓度是0.9％，婴儿感到咸味时，其浓度为0.25％。若按成人的口味摄入盐，宝宝体内的钠离子会增多。此时宝宝的肾功能未发育完善，没有能力排出血液中过多的钠，使钠潴留体内，使血量增加，加重心脑负担，引起水肿或充血性心力衰竭。因此，宝宝的饮食应以刚出现咸味为宜。提倡低盐，不是说吃盐越少越好，盐过于少，会造成钠离子在体内的不平衡，同时也会影响菜的味道，从而影响食欲。

医学统计资料表明，吃高盐饮食的成人，高血压、心脏病、中风和肾功能不全的发病率和死亡率比饮食清淡的人要高得多。因此，为了保证宝宝的健康成长，其饮食宜清淡，要少吃盐。